ナツメ社
る気ぐんぐん
シリーズ

理科がどんどん好きになる！

オールカラー
楽しくわかる！

電気とエネルギー

小川理科研究所　主宰
小川 眞士 監修

ナツメ社

はじめに

電気とエネルギーのひみつを学ぼう！

　　ピカ……ゴロゴロ……ドカーンと落ちるかみなり、ピカと光ってからゴロゴロと音が聞こえるまで少し時間があります。光は秒速30万km（地球7周半）音は340mで、光が音よりはるかに速いことから、かみなりが発生した瞬間にピカと見えてそのあと音が届くからです。

　　かみなりは雲の中で電気が発生することで起こります。かみなり1個分の電気の量は、一つの家庭が使う電気数ヶ月分になります。

　　自然現象で発生するかみなりの電気を、人は数百年前静電発電機という機械で作り出すことに成功しました。そして現在、電気は新幹線を走らせ、スマホの中の電池など身の回りのあらゆる物に利用されています。

　　テレビを通して世界のいろいろな場所を見ることができます。電波は通信衛星を使って世界中をつないでいます。通信衛星が回っている宇宙空間では国際宇宙ステーション（ISS）に滞在している宇宙飛行士が無重力の世界でいろいろな研究をしています。国際宇宙ステーション

(ISS) ではてこを使ったロボットアームを太陽電池の電力で動かし、重さ6トンの補給船「こうのとり」をキャッチしドッキングします。

　現在皆さんは、電気・力・光・音・運動の原理を使った便利な道具にかこまれています。そのような道具を動かす原理を理解する鍵がこの本に詰まっています。

　自然を見つめ解き明かすことが科学の研究ですが、現在自然のほんの一部しかわかっていません。

　大きな砂浜が自然なら、わかっていることは砂浜の数個の砂粒に関してです。広大な自然は大きな砂浜として無数の砂粒として横たわっています。

　この本は自然の扉を開く第一歩、小さな砂粒を見つける一歩となるでしょう。

　この本の扉を開くことで、今わかっていることを見つめつつ未来に向かって第一歩を踏み出しましょう。

小川理科研究所　主宰　小川眞士

もくじ

4章 力のつり合い

5章 運動

この本の使い方

各章の
テーマです。

> 3章 光、音

光の反射

鏡に自分の姿をうつして見ることができるのは、鏡に当たった光がはね返るからなんだ。光がはね返るときのきまりを見ていこう。

各ページで
紹介する
内容です。

光の反射

鏡などを使うと、光を反射させる(はね返す)ことができます。

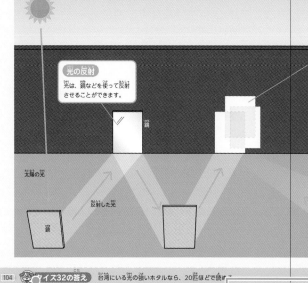

光の反射
光は、鏡などを使って反射させることができます。

太陽の光

反射した光

鏡

鏡

鏡を使って光を
は、明るく、あ
せた光が多く集
あたたかくなり

鏡1枚分の光

太陽の光
させて集め

クイズ32の答え　台湾にいる光の強いホタルなら、20匹ほどで読め

前のページの
クイズの答えです。

クイズ33

章のテーマに合わせたクイズです。
全部で75問あります。

上から見たようす

106

おさらい問題やコラムもいっぱい!

それぞれの章の最後にのっているよ!

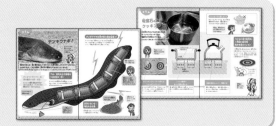

見開きの内容に合わせたマンガです。
電気とエネルギーのことが楽しく学べます。

この本を読めば
電気とエネルギー
のことがばっちり
わかるわ!!

鏡の世界!?

図や写真をたくさん使って
分かりやすく解説しています。

まめちしきを
紹介しています。

確認しておきたい
内容を紹介しています。

鏡にうつる像

鏡にうつる像は、左右が反対に見えます。上下は反対になりません。

文字の左右が反対になっている。

文字の上下（順序）は変わらない。

鏡をはさんで、左右が対称（線対称）になっているよ。

確認しよう

鏡にうつったり、レンズを通したりして見えるものを像という。

まめちしき

光がもどってくる鏡

鏡を3枚直角に合わせたものに光を当てると、どんな方向から光を当てても、もとの方向へもどるんだ。このような、光を来た方向へ反射させるしくみは、自転車やキーホルダーに使われる反射材などに利用されているよ。

反射材

車のヘッドライトが当たると、反射した光が車のほうへもどり、光って見える。

まとめ

・光は、鏡などに当たると反射する。
・光は、鏡に当たったときと同じ角度で反射する。
・鏡にうつった像は、左右が反対に見える。

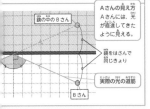

（長）があるよ。波長が変わると何が変わる？　105

Aさんの見え方
Aさんには、光が直進してきたように見える。

鏡の中のBさん

鏡をはさんで同じきょり

実際の光の道筋

Bさん

変わる。

クイズ34　人より多くの波長の光を見ることができるのは、鳥、ネコどっち？　107

学習内容のまとめです。
要点がひと目で分かります。

お店の自動ドア、
流れてる音楽、

エスカレーターに
エレベーター

電気自動車や
電車などなど…

電気がなくちゃ
動かないもの
ばかりだよ

ワットも電池が
ないと動かない

電池で
動いてるの!?

どう？

ふだんどれだけ
電気の力にお世話に
なっているか
わかったでしょ

デショ

うん

たしかに

ニ

コッ

身近にある電気とエネルギー

私たちの身近には、電気やエネルギーのしくみやはたらきを
利用したものがたくさんあります。どんなものに使われているのでしょうか。

発光ダイオード …… 36ページ

電気……24ページ

電気自動車

電球

光……100ページ

鏡

カメラ

磁石・電磁石……64ページ

方位磁針

せん風機

マグネット

電子レンジ

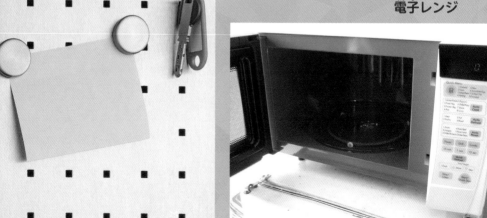

てこ……132ページ

ペンチ

はさみ

かっ車（しゃ）……152ページ

クレーン

輪じく（りん）……160ページ

じゃ口（ぐち）

ばね……164ページ

洗たくばさみ

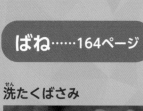

マウンテンバイク

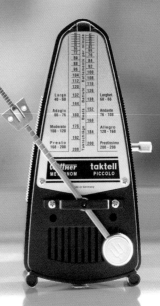

ふりこ……188ページ

メトロノーム

時計

たしかに明かりや冷蔵庫がないのはこまるなあ

ゲームもね

でも電気って言われてもよくわかんない

どういうものなんだろ？

オッケー！

ワタシが教えてあげちゃうぞ！

電気の通り道

豆電球に明かりをつけるには、どうすればいいかな。
電気の通り道と電流の流れる向きについて見ていこう。

回路

かん電池、導線、豆電球を輪のようにつなぐと電気の通り道ができて電気が流れます。
このような電気の通り道を回路といいます。

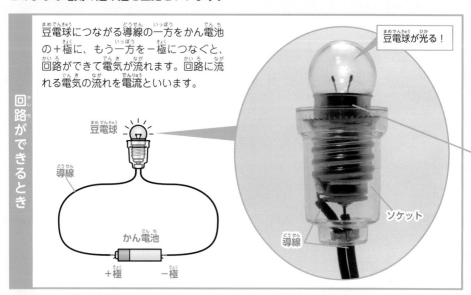

回路ができるとき

豆電球につながる導線の一方をかん電池の＋極に、もう一方を−極につなぐと、回路ができて電気が流れます。回路に流れる電気の流れを電流といいます。

豆電球が光る！

豆電球

導線

かん電池

＋極　　−極

ソケット

導線

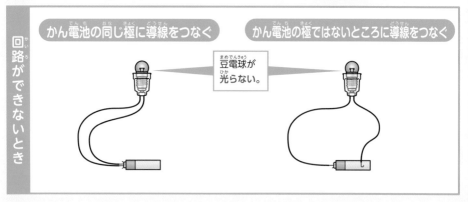

回路ができないとき

かん電池の同じ極に導線をつなぐ　　かん電池の極ではないところに導線をつなぐ

豆電球が光らない。

クイズスタート！　電気とエネルギーに関するクイズが75問出てくるよ　➡

「＋」と「－」

わーついた！
すごいねー

「＋」と「－」につなぐと
豆電球がつくんだね

あっ、そうだ！あれ持ってくる
え？

電卓の「＋」と「－」じゃないよー！
つかなーい！！

確認しよう

電気を通すもの・通さないもの

ものには、電気を通すものと通さないものがあります。アルミニウムや鉄、銅などの金属は電気を通して、ガラスやプラスチック、木などは電気を通しません。

豆電球とソケット

豆電球の中には金属の線が通っていて、両はしが口金とへそにつながっています。口金とへそに導線をつなぐと、フィラメントに電流が流れて光ります。

豆電球のつくり

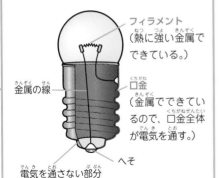

フィラメント
（熱に強い金属でできている。）

金属の線

口金
（金属でできているので、口金全体が電気を通す。）

へそ

電気を通さない部分

電流の通り道

豆電球をソケットにはめると、導線→口金→フィラメント→へそ→導線の順に電流が流れます。

電流の通り道

口金と接する部分は金属でできている。

導線

クイズ1 長時間光らせ続けることができる電球を発明したのはだれ？

25

豆電球の電気の通り道

豆電球をソケットから外し、豆電球の口金とへそに直接導線をつなぐと、フィラメントに電流が流れて豆電球が光ります。

豆電球のつくりを確認したら、ソケットを使わずに豆電球をつける方法を考えてみよう！

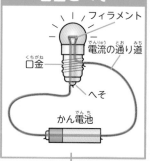

口金とへそ

フィラメント
電流の通り道
口金
へそ
かん電池

電流がフィラメントに流れるので、豆電球が光ります。

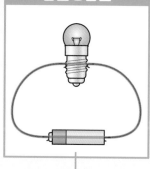

口金と口金

へそとへそ

電流がフィラメントに流れないので、豆電球が光りません。

かん電池の向きと電流の向き

電流は、かん電池の＋極から出て、－極の方へ流れます。

この場合は、時計回りに流れているね。

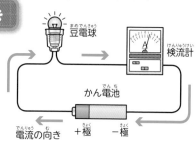

豆電球

検流計

かん電池

電流の向き　＋極　－極

確認しよう

検流計

検流計を使うと、電流の向きと強さを調べることができます。

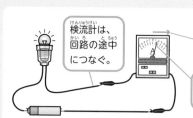

検流計は、回路の途中につなぐ。

針のふれる向きが、電流の向きを表す。

針のふれの大きさが、電流の強さを表す。

クイズ1の答え アメリカ人のトーマス・エジソン。

電流の向きと豆電球・モーター

かん電池の向きを反対にすると、電流の向きが反対になります。電流の向きが反対になると、豆電球の光り方は変わりませんが、モーターが回る向きは反対になります。

電流の向きを変えると、どんなことが起こるのかな？

豆電球

電流の向き　豆電球

電流の向きを反対にする。

電流の向き　豆電球

電流の向きが変わっても、豆電球の光り方は変わらない。

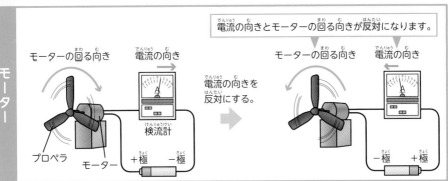

モーター

電流の向きとモーターの回る向きが反対になります。

モーターの回る向き　電流の向き

電流の向きを反対にする。

モーターの回る向き　電流の向き

プロペラ　モーター　検流計

確認しよう

注意！

ショート回路は危険！

豆電球などを通らず、かん電池と導線だけに電流が流れる回路をショート回路といいます。ショート回路は、大きい電流が流れてかん電池や導線が熱くなり、危険です。回路をつくるときは、必ず電流が豆電球やモーターなどを流れるようにつなぎましょう。

ショート回路の例

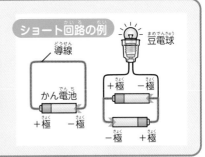

導線　豆電球

かん電池

まとめ

・かん電池と導線、豆電球などをつないで回路ができると、電流が流れる。
・電流は＋極から出て、－極の方へ流れる。

クイズ2　エジソンが作った電球のフィラメントは何でできていた？

かん電池のつなぎ方

かん電池のつなぎ方を変えると、回路（→24ページ）に流れる電流はどうなるかな。かん電池を直列つなぎと並列つなぎで増やした場合の変化を見てみよう。

かん電池の直列つなぎと並列つなぎ

かん電池のつなぎ方には直列つなぎと並列つなぎがあり、かん電池のつなぎ方によって回路に流れる電流の大きさが変わります。

検流計の針のふれ方に注目して見てみよう！

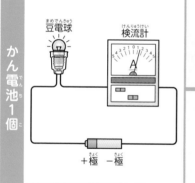

かん電池1個

豆電球　　検流計

＋極　－極

かん電池2個　直列つなぎ

かん電池の＋極と、別のかん電池の－極をつなぐつなぎ方を直列つなぎといいます。

電流の大きさが大きくなる。

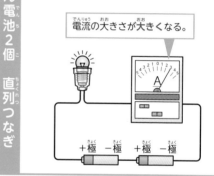

＋極　－極　＋極　－極

かん電池2個　並列つなぎ

かん電池の＋極どうし、－極どうしをつなぐつなぎ方を並列つなぎといいます。

電流の大きさが変わらない。

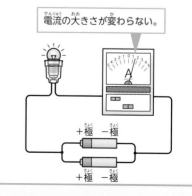

＋極　－極
＋極　－極

クイズ2の答え　日本の京都でとれた竹。

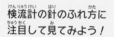

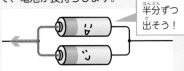

<ruby>確<rt>かく</rt></ruby><ruby>認<rt>にん</rt></ruby>しよう

かん<ruby>電池<rt>でんち</rt></ruby>のつなぎ<ruby>方<rt>かた</rt></ruby>と<ruby>電池<rt>でんち</rt></ruby>の<ruby>減<rt>へ</rt></ruby>り<ruby>方<rt>かた</rt></ruby>

<ruby>直列<rt>ちょくれつ</rt></ruby>つなぎは<ruby>大<rt>おお</rt></ruby>きい<ruby>電流<rt>でんりゅう</rt></ruby>が<ruby>流<rt>なが</rt></ruby>れるので、<ruby>電池<rt>でんち</rt></ruby>の<ruby>減<rt>へ</rt></ruby>りが<ruby>速<rt>はや</rt></ruby>く、<ruby>並列<rt>へいれつ</rt></ruby>つなぎは1<ruby>個<rt>こ</rt></ruby>あたりのかん<ruby>電池<rt>でんち</rt></ruby>から<ruby>出<rt>で</rt></ruby>る<ruby>電流<rt>でんりゅう</rt></ruby>が<ruby>小<rt>ちい</rt></ruby>さいので、<ruby>電池<rt>でんち</rt></ruby>が<ruby>長持<rt>ながも</rt></ruby>ちします。

<ruby>半分<rt>はんぶん</rt></ruby>ずつ<ruby>出<rt>だ</rt></ruby>そう！

<ruby>直列<rt>ちょくれつ</rt></ruby>つなぎの<ruby>例<rt>れい</rt></ruby>

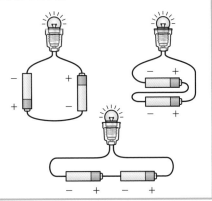

<ruby>並列<rt>へいれつ</rt></ruby>つなぎの<ruby>例<rt>れい</rt></ruby>

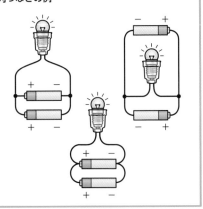

<ruby>実験<rt>じっけん</rt></ruby>

**クイズ3** <ruby>単<rt>たん</rt></ruby>3、<ruby>単<rt>たん</rt></ruby>4などのかん<ruby>電池<rt>でんち</rt></ruby>、<ruby>大<rt>おお</rt></ruby>きさ<ruby>以外<rt>いがい</rt></ruby>に<ruby>何<rt>なに</rt></ruby>がちがうの？

直列つなぎ・並列つなぎと豆電球の明るさ

かん電池を直列つなぎで増やすと、豆電球が明るくなります。並列つなぎで増やしても、明るさは変わりません。

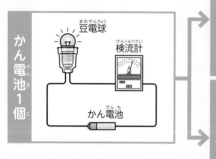

かん電池2個 直列つなぎ
電流の大きさが大きくなり、豆電球の明るさが明るくなります。

明るくなる！

かん電池2個 並列つなぎ
電流の大きさが変わらないので、豆電球の明るさも変わりません。

直列つなぎ・並列つなぎとモーターの回る速さ

かん電池を直列つなぎで増やすと、モーターの回る速さが速くなります。並列つなぎで増やしても、モーターの回る速さは変わりません。

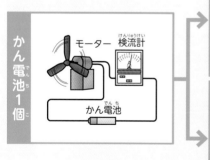

かん電池2個 直列つなぎ
電流の大きさが大きくなり、モーターの回る速さが速くなります。

速く回る！

かん電池2個 並列つなぎ
電流の大きさが変わらないので、モーターの回る速さも変わりません。

クイズ3の答え　電池のもち。同じ回路なら大きい電池ほど長く使える。

回路図

記号を使って回路を簡単に表したものを
回路図といいます。

かん電池は、長い線の
ほうが＋極なんだね。

回路図で使う記号

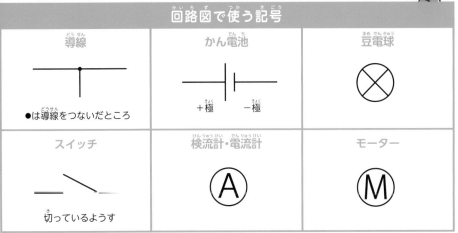

導線	かん電池	豆電球
●は導線をつないだところ	＋極　　－極	⊗
スイッチ	検流計・電流計	モーター
切っているようす	Ⓐ	Ⓜ

回路図の表し方

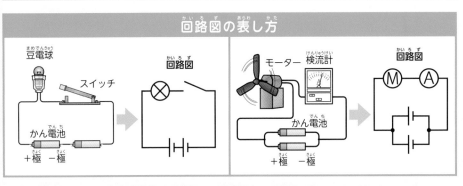

豆電球　スイッチ　かん電池　＋極　－極　回路図

モーター　検流計　かん電池　＋極　－極　回路図

まとめ

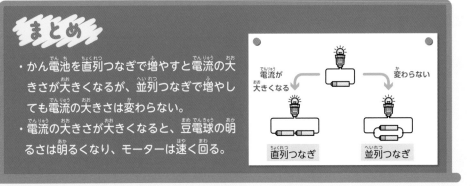

・かん電池を直列つなぎで増やすと電流の大
　きさが大きくなるが、並列つなぎで増やし
　ても電流の大きさは変わらない。
・電流の大きさが大きくなると、豆電球の明
　るさは明るくなり、モーターは速く回る。

電流が
大きくなる

変わらない

直列つなぎ

並列つなぎ

電気をつくる・たくわえる

電気をつくるにはどうすればいいかな。手回し発電機で電気をつくり、
つくった電気をたくわえて使ってみよう。

手回し発電機

手回し発電機のハンドルを回すと、中にあるモーターが回り、電気を
つくることができます。電気をつくることを発電といいます。

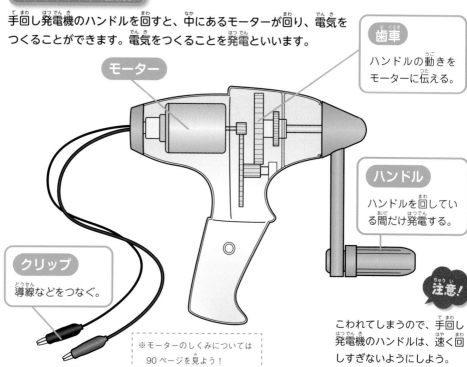

モーター

歯車
ハンドルの動きを
モーターに伝える。

ハンドル
ハンドルを回してい
る間だけ発電する。

クリップ
導線などをつなぐ。

※モーターのしくみについては
90ページを見よう！

注意！
こわれてしまうので、手回し
発電機のハンドルは、速く回
しすぎないようにしよう。

まめちしき

モーターと電気

モーターのじくを勢いよく回すと、電気がつく
られ、豆電球が光るよ。モーターの中には、何
回も巻いた導線（コイル）と磁石が入っていて、
磁石の力で電気をつくり出しているんだ。

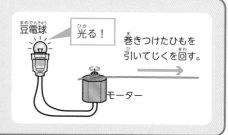

豆電球　　光る！
巻きつけたひもを
引いてじくを回す。
モーター

クイズ4の答え ① 回路が枝分かれしているので、複数の器具をつなぐことができる。

ハンドルを回す手ごたえ

手回し発電機につなぐものを変えると、ハンドルを回す手ごたえが変わります。

何もつながないとき

手ごたえが軽い。

豆電球をつなぐ

手ごたえが重くなる。

モーターをつなぐ

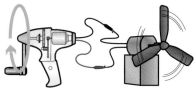

手ごたえがさらに重くなる。

流れる電流が大きくなるほど、手ごたえが重くなるんだ。

クイズ5 　自転車にも発電機が使われているよ。どこかな？

33

ハンドルを回す速さと電流の大きさ

手回し発電機のハンドルを回す速さを速くすると、つくられる電気の量が多くなり、回路に流れる電流の大きさが大きくなります。

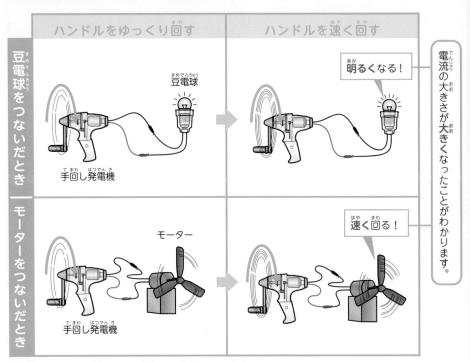

電流の大きさが**大きく**なったことがわかります。

ハンドルを回す向きと電流の向き

手回し発電機のハンドルを回す向きを反対にすると、流れる電流の向きが反対になります。

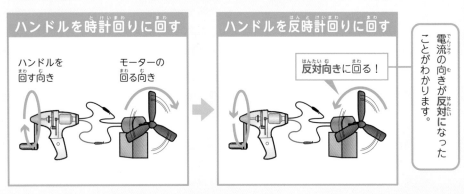

電流の向きが**反対**になったことがわかります。

クイズ5の答え　タイヤが回る力で発電機を回し、ライトをつけている。

コンデンサー

コンデンサーを使うと、つくった電気をためることができます。電気をためることを、蓄電(充電)といいます。

確認しよう

コンデンサーのつなぎ方

コンデンサーの＋たんしと手回し発電機の＋極、コンデンサーの−たんしと手回し発電機の−極をつなぎます。

電気をためる

手回し発電機のハンドルを回して、コンデンサーに電気をためます。

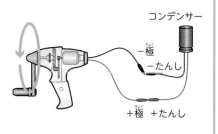

コンデンサー

−極
−たんし

＋極　＋たんし

電気を使う

コンデンサーを豆電球につなぐと、明かりがつきます。ためていた電気がなくなると、明かりが消えます。

光る！

災害時用のライトには、手回し発電機とコンデンサーを組み合わせたものもあるよ。

ハンドルを回して発電する。

コンデンサーにためた電気で明かりをつける。

まとめ

・手回し発電機の中にはモーターが入っていて、モーターを回すことで、発電することができる。

・つくった電気は、コンデンサーなどに蓄電して使うことができる。

手回し発電機

ハンドルを速く回す。

ハンドルを反対向きに回す。

電流の大きさが大きくなる。

電流の向きが反対になる。

クイズ6　世界で最初にかん電池を発明したのは何人？

発光ダイオード

発光ダイオードと電球、どちらも同じように光を出すけれど、どうちがうのかな。
発光ダイオードの特ちょうを見ていこう。

発光ダイオード（LED）

発光ダイオードは、その特ちょうを利用して、街のイルミネーションや信号、家の照明など、
さまざまな場所で利用されています。

信号機

発光ダイオード

イルミネーション

クイズ6の答え　日本人の屋井先蔵。1887年（明治20年）に発明した。

発光ダイオード

発光ダイオードの特ちょう

- 使う電気の量（消費電力）が少ない。
- 寿命が長い。
- 遠くからでも光っていることがわかりやすい。
- 色がはっきりしている。
- 光っているときに熱をあまり出さない。

発光ダイオードは熱をあまり出さないから、木につけても熱で木が弱る心配が少ないのね。

確認しよう

発光ダイオードのつなぎ方

発光ダイオードには＋たんしと－たんしがあり、＋たんしはかん電池の＋極側の導線に、－たんしは－極側の導線につなぎます。

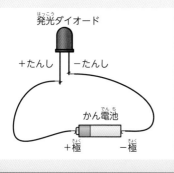

発光ダイオード
＋たんし　－たんし
かん電池
＋極　　　－極

あー！…

どうしよう…お母さんにおこられる

ねえ、発光ダイオードってきれいで目立つから

うまくごまかせるかもよ

どう？

ピカピカピカ

逆に目立ってるような…

テスト お母さんへ

コラー！！

失敗♡

テヘ

クイズ7　デンキウナギの体の電池は、直列つなぎ？　並列つなぎ？

発光ダイオードと豆電球

発光ダイオードは、豆電球に比べて、明かりをつけるために必要な電気の量（消費電力）が少ないです。

発光ダイオードは、電球に比べて省エネだよ。その理由を、実験で確かめてみよう！

実験
① 手回し発電機にコンデンサーをつなぎ、一定の速さで10秒間ハンドルを回し、電気をためる。
② コンデンサーに豆電球をつなぎ、光っている時間をはかる。
③ 同じ条件で、発光ダイオードについても、光っている時間をはかる。

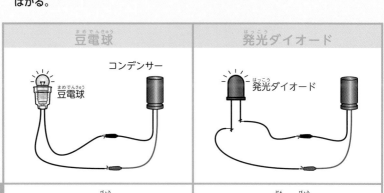

	豆電球	発光ダイオード
光った時間	25秒	4分30秒

発光ダイオードのほうが長い時間光ったことから、発光ダイオードのほうが小さい電流で光ることがわかります。

まめちしき

電気のエネルギーは、何に変わる？
豆電球や発光ダイオードは、電気のエネルギーを光のエネルギーに変えて光っているよ。でも、電気のエネルギーがすべて光のエネルギーに変わるわけではなく、一部は熱エネルギーに変わってにげてしまうんだ。発光ダイオードは、豆電球に比べて光のエネルギーに変わる割合が高いから、小さい電流で光るんだよ。

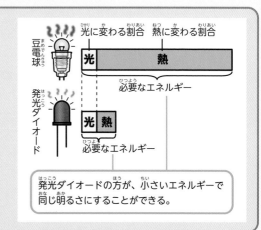

発光ダイオードの方が、小さいエネルギーで同じ明るさにすることができる。

クイズ7の答え 直列つなぎ。そのため、大きい電流を流すことができる。

発光ダイオードと電流の向き

発光ダイオードは、決まった向きに電流を流したときだけ光ります。

発光ダイオードの＋たんしをかん電池の＋極側につなぐ。

発光ダイオードの＋たんしをかん電池の－極側につなぐ。

反対向きに電流を流すと光らないから、＋たんしを＋極側につなぐんだね。

光る！

＋たんし　－たんし

かん電池

＋極　　－極

電流の向きを反対にする。

光らない

＋たんし　－たんし

かん電池

－極　　＋極

考えてみよう！

かん電池に豆電球と発光ダイオードを並列つなぎでつないだよ。電流の向きを反対にすると、豆電球と発光ダイオードの光り方はそれぞれどうなるかな。

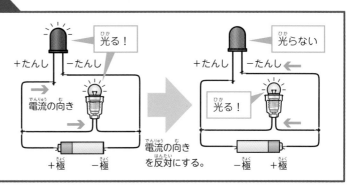

光る！

＋たんし　－たんし

電流の向き

＋極　　－極

電流の向きを反対にする。

光らない

＋たんし　－たんし

光る！

－極　　＋極

まとめ

・発光ダイオードは消費電力が小さく、電球やけい光灯のかわりとしてさまざまな場所で使われている。

豆電球と発光ダイオードの特ちょう

	豆電球	発光ダイオード
消費電力	大きい	小さい
発熱量	大きい	小さい
電流の向きと光り方	電流の向きに関係なく光る。	決まった向きに電流を流したときだけ光る。

電流と発熱

電気のはたらきで熱を出す器具は、身のまわりにいろいろあるね。
これらの多くは電熱線が使われているよ。電熱線の特ちょうを見ていこう。

電熱線

電流の流れにくいもの（抵抗の大きいもの）に電流を流すと、熱や光を出します。電流が熱を出す性質を利用したものを電熱線といいます。電熱線は導線に比べて抵抗が大きい物質でできています。

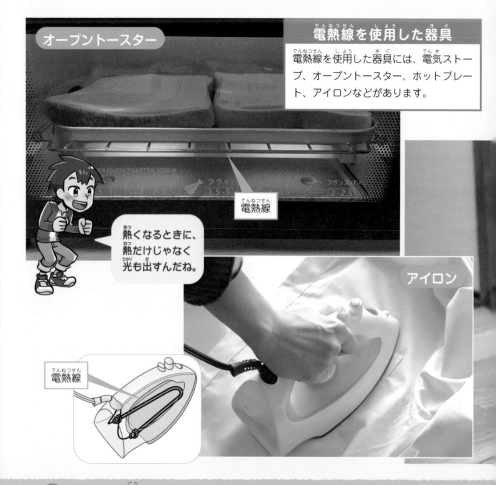

オーブントースター

電熱線

熱くなるときに、熱だけじゃなく光も出すんだね。

電熱線を使用した器具

電熱線を使用した器具には、電気ストーブ、オーブントースター、ホットプレート、アイロンなどがあります。

アイロン

電熱線

クイズ8の答え　充電できる電池。2019年ノーベル賞を受賞した吉野博士が開発した。

確認しよう

抵抗

電流の流れにくさを抵抗（電気抵抗）といいます。

電球

電球は、抵抗の大きいフィラメントに電流を流すことで光を出している。

電気ストーブ

電熱線

どうして泣いてるの？

プールにぬいぐるみ落としちゃった…

よし、ぼくにまかせて！

ポイ

チャポン

あれっ？水の抵抗でぜんぜん進まない…！！

ハイ、どうぞ！

ワーイ

ヒョッ

え——！！

ハァハァハァハァ

電熱線の太さと発熱

電熱線の太さを太くすると、流れる電流の大きさが大きくなり、
発熱のしかたが大きくなります。

実験

発熱が大きい
ほうが、早く
切れるよね。

① 同じ長さで太さがちがう電熱線を用意し、電源装置[1]と電流計[2]をつなぐ。
② わりばしに発泡スチロールのうすい板をはさんで、電熱線に立てかける。
③ 電源装置のスイッチを入れ、流れる電流の大きさと発泡スチロールが切れるまでの時間を調べる。

※1 電源装置は、安定して電気を流すことができるので、かん電池のかわりに使うことができます。

※2 電流計の使い方については 78 ページを見よう！

確認しよう

**電流の大きさを
表す単位**
電流の大きさは、
A（アンペア）、
mA（ミリアンペア）
という単位で
表します。

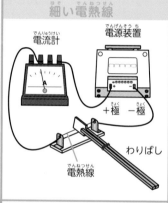

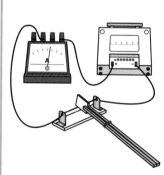

	細い電熱線	太い電熱線
電流の大きさ	120mA	250mA
切れるまでの時間	4秒	2秒

電熱線が太いほうが、流れる電流が大きく、発熱のしかたが大きくなります。

まめちしき

電熱線の太さと抵抗
電熱線の太さが太くなると、抵抗が小さくなるから、電流が流れやすくなるんだ。

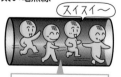

細い電熱線 通りにくい…

太い電熱線 スイスイ〜

抵抗が大きいので
電流が流れにくい。

抵抗が小さいので
電流が流れやすい。

クイズ9の答え　消費電力の大きさ。数値が大きいほど、使う電気の量が多い。

電熱線の長さと発熱

電熱線の長さを長くすると、流れる電流の大きさが小さくなり、
発熱のしかたが小さくなります。

①同じ太さで長さがちがう電熱線を用意し、電源装置と電流計をつなぐ。
②わりばしに発泡スチロールのうすい板をはさんで、電熱線に立てかける。
③電源装置のスイッチを入れ、流れる電流の大きさと発泡スチロールが
切れるまでの時間を調べる。

電熱線の長さを
長くすると、
電流が流れ
にくい部分が
長くなるから、
抵抗が大きく
なるんだね！

	短い電熱線	長い電熱線
電流の大きさ	120mA	60mA
切れるまでの時間	4秒	8秒

電熱線が長いほうが、流れる電流が小さく、発熱のしかたが小さくなります。

まとめ

・電熱線に流れる電流の大きさが大きくなると、電熱線の発熱のしかたが大きくなる。

	電熱線の太さ		電熱線の長さ	
	細い	太い	短い	長い
抵抗	大きい	小さい	小さい	大きい
電流の大きさ	小さい	大きい	大きい	小さい

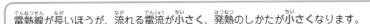

豆電球のつなぎ方

かん電池を直列つなぎで増やすと、豆電球の明るさが明るくなったね（→30ページ）。では、豆電球を直列つなぎで増やすと、豆電球の明るさはどうなるかな。

豆電球の直列つなぎと並列つなぎ

豆電球のつなぎ方にも直列つなぎと並列つなぎがあります。豆電球のつなぎ方によって回路に流れる電流の大きさが変わり、豆電球の明るさが変わります。

電流が流れにくくなると、電流の大きさが小さくなって、豆電球が暗くなるよ。

豆電球のフィラメントは、抵抗が大きく、電流が流れにくい。

豆電球1個

検流計　豆電球

かん電池

＋極　−極

豆電球2個　直列つなぎ

電流の大きさが $\frac{1}{2}$ になる。

豆電球の明るさが暗くなる。

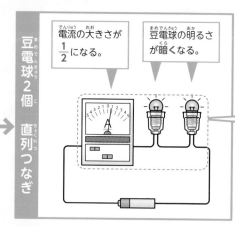

豆電球2個　並列つなぎ

電流の大きさは変わらない。

豆電球の明るさは変わらない。

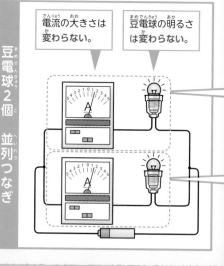

クイズ10の答え　蒸気機関車などに使われる蒸気機関のしくみを発明した人。

直列つなぎで豆電球を2個に増やすと、1つの通り道に2か所、電流の流れにくい部分ができます。

⬇

豆電球1個のときより電流が流れにくくなり、暗くなります。

通りにくい部分が続いていると大変だよ！

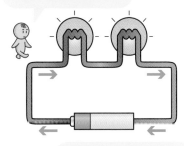

直列つなぎで豆電球を増やしたようすは、電熱線を長くしたときと似ているね。（→43ページ）

並列つなぎでは電流の通り道が枝分かれしているので、1つの通り道あたりの電球の数は変わりません。

⬇

明るさは変わりません。

通りにくい部分が分かれていれば大丈夫！

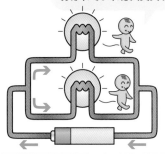

豆電球を並列につないでも明るさは変わらないんだ〜

あ！

と言うことは何個つないでも明るい？

ポッ

ピカッ

スゴイ！無限エネルギーの発明だ！

ノーベル賞？

ガーン

あ、電池すぐ切れた

たくさんつないだら電池の減りは早くなるよ

し〜ん

豆電球・かん電池の組み合わせと豆電球の明るさ

かん電池や豆電球を
増やしたときの、
豆電球の明るさの変化に
ついてまとめよう！

かん電池を直列つなぎで増やすと豆電球の明るさが明るくなり、豆電球を直列つなぎで増やすと豆電球の明るさが暗くなります。かん電池や豆電球を並列つなぎで増やしても、豆電球の明るさは変わりません。

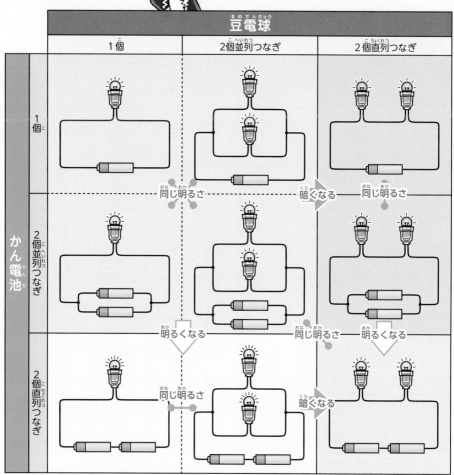

直列つなぎにしたときの
変化がポイントだね！

クイズ11の答え　約6分の1。

豆電球のつなぎ方とかん電池から出る電流

豆電球を直列つなぎで増やすと、かん電池から出る電流の大きさは**小さく**なります。
豆電球を並列つなぎで増やすと、かん電池から出る電流の大きさは**大きく**なります。

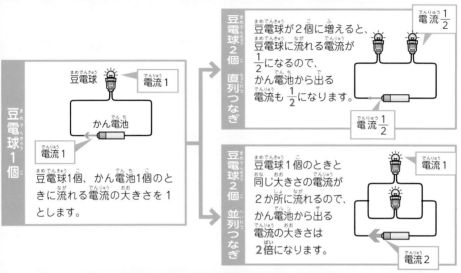

豆電球1個

豆電球1個、かん電池1個のときに流れる電流の大きさを1とします。

豆電球2個 直列つなぎ

豆電球が2個に増えると、豆電球に流れる電流が $\frac{1}{2}$ になるので、かん電池から出る電流も $\frac{1}{2}$ になります。

豆電球2個 並列つなぎ

豆電球1個のときと同じ大きさの電流が2か所に流れるので、かん電池から出る電流の大きさは**2倍**になります。

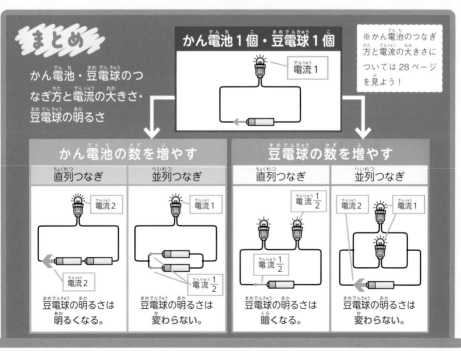

まとめ

かん電池・豆電球のつなぎ方と電流の大きさ・豆電球の明るさ

かん電池1個・豆電球1個

※かん電池のつなぎ方と電流の大きさについては28ページを見よう！

かん電池の数を増やす

直列つなぎ	並列つなぎ
電流2	電流1
豆電球の明るさは**明るくなる**。	豆電球の明るさは**変わらない**。

豆電球の数を増やす

直列つなぎ	並列つなぎ
電流 $\frac{1}{2}$	電流2 / 電流1
豆電球の明るさは**暗くなる**。	豆電球の明るさは**変わらない**。

クイズ12 電車に電気を送る電線は1本しかないよ。電流はどこへ流れていくの？

光電池(太陽電池)

太陽の光などで発電する光電池は、光さえあれば発電し続けることができる便利な電池だよ。光電池でより多く発電するにはどうすればいいのかな。

光電池

光電池に光を当てると、電流が流れます。光が当たっていないときは、電流が流れません。太陽電池ともいいます。

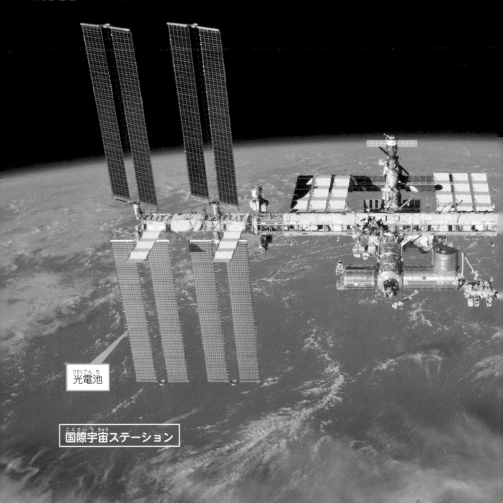

光電池

国際宇宙ステーション

クイズ12の答え　電車のモーターを流れたあと、レールに流れる。

太陽電池

おれの家、太陽の光で電気つくってるんだぜ！

スゴーイ！

まあ、おれの父ちゃん、社長で金持ちだからなっ

フーン

ムっ

ねえ、あの後ろの何？

あ！

ん？

太陽の光がなーい!!

〇〇建設 ビル予定

まめちしき

宇宙で活やくする光電池

かん電池のように、使うと減ってしまう電池は、電池の交換が難しい宇宙では不便だよ。その点、光電池は光さえ当たれば長い期間発電し続けることができるから、国際宇宙ステーションや人工衛星などに広く使われているんだ。

光電池は、家の屋根などにも設置されているね。

家の屋根に設置された光電地

クイズ13 光電池ではなかった人類初の人工衛星は、どのくらい動いた？

49

光の強さと電流の大きさ

光電池に当てる光の強さを強くすると、つくられる電気の量が多くなります。

実験　鏡ではね返した日光を光電池に当てて、電流の大きさとモーターの回り方を調べる。

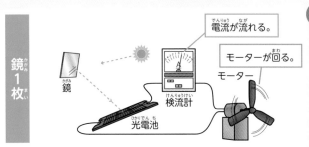

鏡1枚

電流が流れる。

モーターが回る。

検流計　光電池　モーター

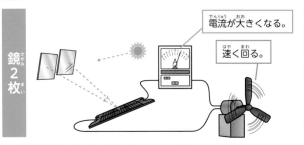

鏡2枚

電流が大きくなる。

速く回る。

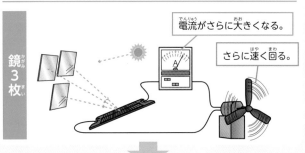

鏡3枚

電流がさらに大きくなる。

さらに速く回る。

光が強くなるほど、つくられる電気の量が多くなり、回路に流れる電流の大きさが大きくなります。

光をたくさん集めると、光のエネルギーも集まって、つくられる電気がより多くなるんだね！

確認しよう

光電池の極

光電池にも、かん電池と同じように＋極と－極があります。

＋極　－極

光の性質

・光は、鏡などではね返す（反射させる）ことができます。

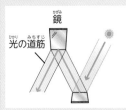

鏡　光の道筋　鏡

・光を鏡などで集めると、集めたところは、明るく、あたたかくなります。

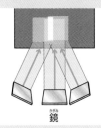

鏡

※光の性質については104ページを見よう！

クイズ13の答え　3週間。翌年打ち上げられた光電池の人工衛星は6年以上動いた。

光を当てる角度と電流の大きさ

光電池に当てる光の角度を変えると、つくられる電気の量が変わります。

実験 光電池の角度を変えて日光を当て、電流の大きさとモーターの回り方を調べる。

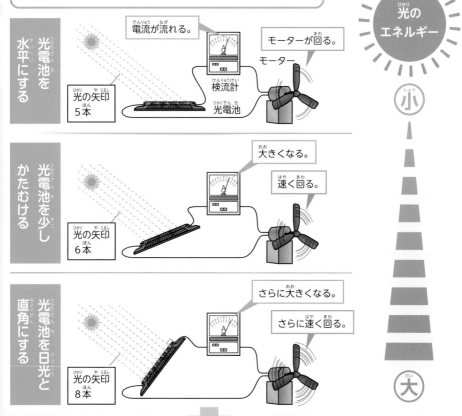

角度を変えたときの、光電池に当たる光の矢印の数に注目します。
矢印が多いほど、光が多く当たっていることがわかります。

光の
エネルギー

小

大

光電池を水平にする

電流が流れる。

モーターが回る。

モーター

検流計

光の矢印
5本

光電池

光電池を少しかたむける

大きくなる。

速く回る。

光の矢印
6本

光電池を日光と直角にする

さらに大きくなる。

さらに速く回る。

光の矢印
8本

光電池に光を直角に当てると、回路に流れる電流の大きさが大きくなります。

まとめ
・光電池は、光を当てると発電する。
・光電池に当たる光が強いほど、流れる電流の大きさが大きくなる。

クイズ14 街灯などの光電池は、どちらの方位を向いていることが多い？

エネルギーのうつり変わり

私たちのくらしに欠かせない電気のエネルギーは、運動や光など、ほかの
エネルギーが姿を変えたものだよ。エネルギーのうつり変わりを見てみよう。

姿を変えるエネルギー

光電池に当たった光のエネルギーが電気のエネルギーに
変わるように、エネルギーは姿を変えることができます。

手回し発電ライト

運動のエネルギー
風力発電所

光のエネルギー
光電池

電気のエネルギー

熱のエネルギー
火力発電所

いろいろなエネルギーを電気の
エネルギーに変えて家庭などに送り
届けて、再びいろいろなエネルギー
に変えて利用しているんだよ。

クイズ14の答え　南。太陽は東→南→西へと動くので、南向きが最も効率がよい。

いろんな電気

運動のエネルギー

せん風機

洗たく機
モーター
電車　など

光のエネルギー

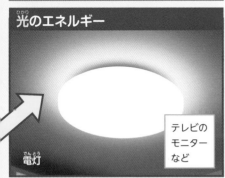

電灯

テレビの
モニター
など

熱のエネルギー

ホットプレート

ドライヤー
電気ストーブ
アイロン　など

音のエネルギー

スピーカー

ヘッドホン
防犯ブザー
など

いろんなものが電気になるんだったら、ぼくもやってみるよ

やってみる?

ぼくのすべてを電気に変える!

太陽光パネル

手回し発電機

ペダル式発電機

バ

グルグルグルグル

よ、よくわからないけどスゴイ!

そしてむだなエネルギーを消費しないために…

ん?

ねます

起きろー!!

いろいろな発電

私たちが利用する電気は、いろいろなエネルギーを利用してつくられています。発電の方法には、発電機を回して発電をする方法と、発電機を使わずに発電する方法があります。

発電機を使った発電

火力発電

天然ガスなどを燃やして水を熱し、水蒸気の力で発電機を回して発電します。

水力発電

ダムにためた水などを使い、水が流れる力を利用して発電機を回して発電します。

発電機を使わない発電

太陽光発電

光電池を使い、光のエネルギーを直接電気のエネルギーに変えて発電します。

風力発電

風の力で風車を回し、風車の力で発電機を回して発電します。

原子力発電

ウラン（核燃料）が核分裂をするときに発生する熱で水を熱し、水蒸気の力で発電機を回して発電します。

太陽光発電以外は、発電機を利用して発電しているんだね。

その他の発電機を使った発電

地熱発電：火山のはたらきなどによる地下の熱を利用して発電する。

波力発電：海の波の力を利用して発電する。

バイオマス発電：ごみなどを燃やしたり、発こうさせて出た熱を利用して発電する。

発電所などで使われる発電機も、手回し発電機と同じしくみだよ。（→32ページ）

クイズ15の答え　できない。一部は熱など別のエネルギーに変わってしまう。

化石燃料と地球温暖化

火力発電の燃料として使われる天然ガスや石炭、石油は化石燃料といい、燃やすと二酸化炭素が発生します。二酸化炭素などの温室効果ガスには、地球の熱をにがしにくくするはたらきがあり、地球の気温が上がる地球温暖化の原因となります。

再生可能エネルギー

エネルギー源のうち、化石燃料のように二酸化炭素が発生せず、なくなることなく使い続けることができる環境にやさしいエネルギーを、再生可能エネルギーといいます。再生可能エネルギーには、太陽光、風力、水力、地熱などがあります。

長所	短所
・温室効果ガスを出さず、環境にやさしい。 ・資源がなくなる心配が少ない。	・発電できる量が少ない。 ・発電量が天候などに左右されやすい。

太陽光発電
水力発電
地熱発電
波力発電
風力発電

まとめ　・エネルギーは、さまざまな形に姿を変えることができる。

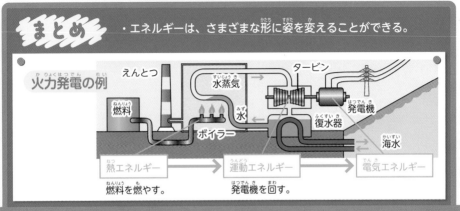

火力発電の例

えんとつ
燃料
ボイラー
水蒸気
水
タービン
復水器
発電機
海水

熱エネルギー → 運動エネルギー → 電気エネルギー
燃料を燃やす。　発電機を回す。

1 下の回路を見て、次の問題に答えましょう。

(1) **ア・イ**のようなかん電池のつなぎ方を、それぞれ何つなぎというでしょうか。( )に書きましょう。

ア（　　　　　　　　つなぎ）

イ（　　　　　　　　つなぎ）

(2) スイッチを入れると、電流は何極から何極に流れるでしょうか。( )に書きましょう。

（　　）極から（　　）極に流れる。

(3) 豆電球は**ア・イ**のどちらが、より明るく光るでしょうか。( )に書きましょう。

（　　）

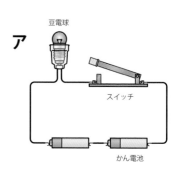

ア

豆電球

スイッチ

かん電池

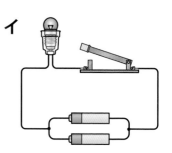

イ

2 下の図のようにかん電池にモーターをつなぎました。次の問題に答えましょう。

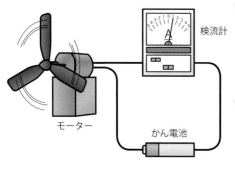

モーター

かん電池

検流計

(1) かん電池の向きを反対にすると、モーターの回り方はどうなるでしょうか。( )に書きましょう。

（　　　　　　　　　　　）

(2) かん電池を直列つなぎで2個に増やすと、モーターの回り方はどうなるでしょうか。( )に書きましょう。

（　　　　　　　　　　　）

3 コンデンサーにつないだ手回し発電機を同じ回数ずつ回して、豆電球と発光ダイオードを光らせました。次の問題に答えましょう。

(1) コンデンサーはどんなはたらきをするでしょうか。（　）に書きましょう。

電気を（　　　　　　　　　　　　　）

はたらきがある。

ア

手回し発電機　　コンデンサー

↓豆電球に
つなぐ

豆電球

(2) あかりがついている時間が長いのは、**ア・イ**のどちらでしょうか。（　）に書きましょう。

（　　　　　）

(3) **ア**で、手回し発電機を回す回数を多くすると、あかりがついている時間の長さはどうなるでしょうか。（　）に書きましょう。

（　　　　　　　　　　　　　　）

イ

手回し発電機　　コンデンサー

↓発光ダイオードに
つなぐ

発光ダイオード

4 電熱線に電流を流して、発泡スチロールが切れるまでの時間を調べました。次の問題に答えましょう。

(1) 発泡スチロールが切れたのはどうしてでしょうか。（　）に書きましょう。

電熱線が（　　　　　　）したため。

(2) 電熱線を細いものにかえると、発泡スチロールが切れるまでの時間はどうなるでしょうか。（　）に書きましょう。

（　　　　　　　　　　　　）

5 次の電気製品は、電気を主に何のはたらきに変えているでしょうか。光、音、熱、運動からあてはまるものをそれぞれ（　）に書きましょう。

(1) アイロン （　　　　　）　　　(2) ラジオ （　　　　　）

(3) そうじ機 （　　　　　）　　　(4) かい中電灯 （　　　　　）

答えは216ページにのっています。

ワニもシビレるデンキウナギ！

デンキウナギは、南アメリカのアマゾン川などにすむ魚だよ。

魚のなかまには、強い電気を出してまわりにいる他の魚をしびれさせてつかまえるものがいるよ。これらの魚は、体の中に電池のしくみをもっているんだ。

デンキウナギのパワーは、家の電気の6倍〜8倍！

コンセントの電圧（電気を流す力）が100Vなのに対して、デンキウナギの電圧は600V〜800Vもあるんだ。

でも、電気を出す時間は1000分の1秒！

デンキウナギが電気を出す時間はいっしゅんだよ。だから、デンキウナギの電気でテレビを見るのはむずかしいね。

ワニやウマだって気絶させるよ！

こう門はココ！内臓はこれより前にしかない！

内臓のある部分

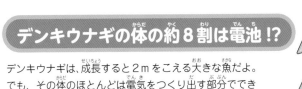

デンキウナギの体の約8割は電池!?

デンキウナギは、成長すると2mをこえる大きな魚だよ。でも、その体のほとんどは電気をつくり出す部分でできていて、内臓は体の前のほうに集まっているよ。

直列つなぎだから、パワーが強いのね!

電気をつくり出す部分は、かん電池の直列つなぎのようなしくみになっているよ。

日本にもいる！電気を出す魚

日本の近くには、シビレエイという電気を出すエイがいるよ。

シビレエイの電圧は70Vくらい。

名前からしてビリビリしびれそうだ～！

磁石のはたらき

黒板に紙をとめたり、冷蔵庫のドアをピタッとしめたり、磁石は身のまわりにたくさんあるね。磁石には、どのような性質があるのかな。

磁石

磁石には、鉄でできたものを引きつける性質があります。

鉄のクリップがたくさん引きつけられているね！

クイズ16の答え 水力。約80％のエネルギーが電気に変わる。太陽光は15〜20％位しか変わらない。

まめちしき

いろいろな磁石

磁石にはいろいろな形や素材のものがあるよ。身のまわりの磁石を探してみよう。

棒磁石

フェライト磁石　　　ゴム磁石

磁石につくもの

鉄でできたものは磁石につきます。

鉄のかん

鉄のくぎ

鉄のクリップ

磁石につかないもの

木や紙などは磁石につきません。金属でも、アルミニウムや銅などは磁石につきません。

紙

アルミニウムのかん

お茶

サイダー

ペットボトル

ガラスのコップ

木のわりばし

磁石の力のはたらき方

磁石の力は、磁石に直接ふれているものだけでなく、磁石からはなれているものにもはたらきます。

磁石と鉄の間がはなれているとき

鉄のクリップ
糸
セロハンテープ

引きつけられます。

間に別の鉄があるとき

鉄のくぎ

引きつけられます。

間に磁石につかないものがあるとき

プラスチックの下じき

引きつけられます。

磁石の極

磁石は、両はしに力の強い部分があります。磁石の力の強い部分を極といい、N極とS極があります。

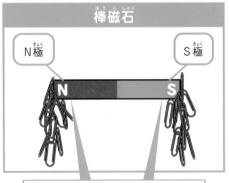

棒磁石

N極　　S極

磁石の力が強い極にクリップがつきます。

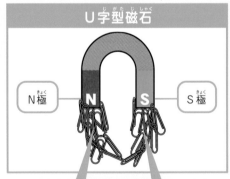

U字型磁石

N極　　　　S極

磁石の力が強い極にクリップがつきます。

クリップのつく場所や数で、磁石の強さを調べることができるね。

クイズ17の答え　10円玉は銅でできているので、磁石につかない。

磁界と磁力線

磁石の力がはたらいている空間を磁界といい、磁界のようすを表した線を磁力線といいます。

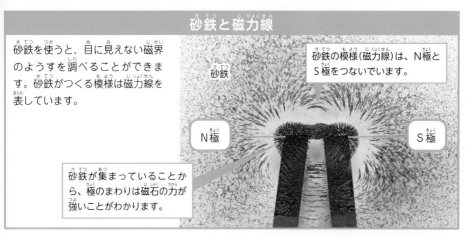

砂鉄と磁力線

砂鉄を使うと、目に見えない磁界のようすを調べることができます。砂鉄がつくる模様は磁力線を表しています。

砂鉄

砂鉄の模様（磁力線）は、N極とS極をつないでいます。

N極

S極

砂鉄が集まっていることから、極のまわりは磁石の力が強いことがわかります。

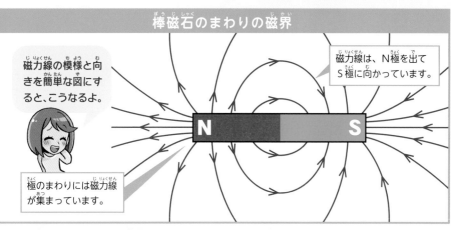

棒磁石のまわりの磁界

磁力線の模様と向きを簡単な図にすると、こうなるよ。

磁力線は、N極を出てS極に向かっています。

N　　　　S

極のまわりには磁力線が集まっています。

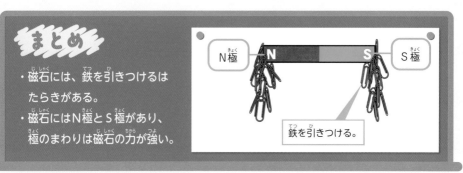

まとめ

・磁石には、鉄を引きつけるはたらきがある。

・磁石にはN極とS極があり、極のまわりは磁石の力が強い。

N極　N　　　　S　S極

鉄を引きつける。

磁石の極のはたらき

磁石のN極とS極の間には、どのような力がはたらくのかな。
N極とS極の関係や、磁石の極のできかたを見ていこう。

磁石の引き合う力・しりぞけ合う力

磁石は、ちがう極どうしを近づけると引き合い、同じ極どうしを近づけるとしりぞけ合います。

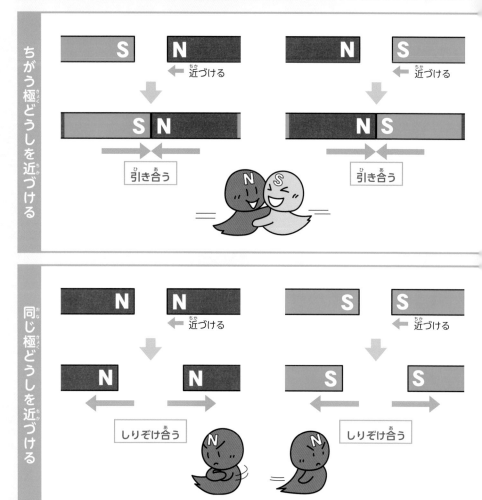

ちがう極どうしを近づける

S　N　←近づける　　　　N　S　←近づける

S N　　　　　N S

引き合う　　　　引き合う

同じ極どうしを近づける

N　N　←近づける　　　　S　S　←近づける

N　　N　　　　S　　S

しりぞけ合う　　　　しりぞけ合う

クイズ18の答え　うそ。ただし、ものによってN極、S極の並び方はちがう。

磁石のまほうで…

磁力線は、N極から出てS極に向かうんだったね！
（→67ページ）

北村くんかっこいい…！

でさー

アハハ

磁石パンダ一生のお願い！

キャ

石石でくっつくまほう～

OK！

磁力線のようす

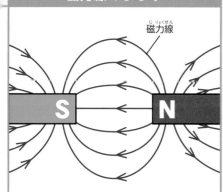

磁力線

磁力線は、一方の磁石のN極から出て、もう一方の磁石のS極につながっています。

北村く〜んおはよ！

おはよう南田さん

翌日

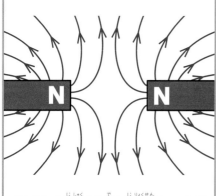

それぞれの磁石から出た磁力線は、つながりません。

なんでぇ！？

極の向きまちがえちゃった！

クイズ19 同じ極どうしを無理矢理くっつけ続けると、どうなる？

2章　磁石と電磁石

磁石の極と方位

磁石を自由に動くようにすると、N極は北を、S極は南を指します。

N極のNは英語で北を表すNorth、S極のSは南を表すSouthの頭文字だよ。

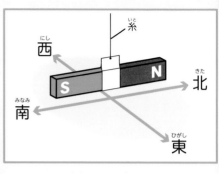

まめちしき

地球は大きな磁石

磁石のN極が北、S極が南を指すのは、地球が大きな磁石のはたらきをしていて、磁石と地球が引きつけ合うからだよ。

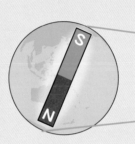

北極

磁石のN極を引きつけるので、S極になっています。

南極

磁石のS極を引きつけるので、N極になっています。

方位磁針

方位磁針の針は磁石でできています。方位磁針を使うと、方位や磁石の極を調べることができます。

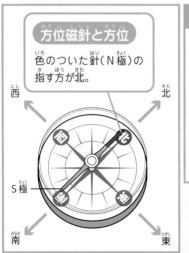

方位磁針と方位

色のついた針（N極）の指す方が北。

S極

方位磁針と磁石の極

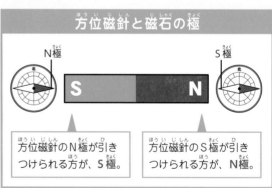

方位磁針のN極が引きつけられる方が、S極。

方位磁針のS極が引きつけられる方が、N極。

クイズ19の答え　磁石の力が弱くなる。

鉄を磁石にする方法

鉄は磁石につけたり、磁石でこすったりすることで磁石にすることができます。

磁石につける

磁石に鉄くぎをつけておくと、鉄くぎが磁石になります。

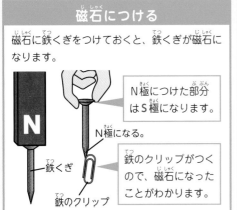

N極につけた部分はS極になります。

N極になる。

鉄くぎ

鉄のクリップ

鉄のクリップがつくので、磁石になったことがわかります。

磁石でこする

磁石で鉄の針を同じ向きに何回もこすると、針が磁石になります。

N極でこする。

鉄の針

N極になる。

S極になる。

磁石を切ったときの極

磁石を切ると、切り口に新しく極ができます。

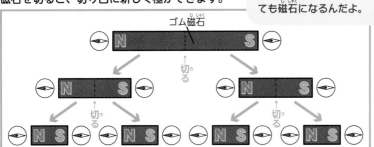

ゴム磁石

切る

切る

切る

磁石は、たくさんの小さな磁石が集まったようなものなんだ。だから、切っても磁石になるんだよ。

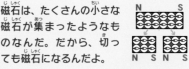

まとめ

- 磁石には、ちがう極どうしは引きつけ合い、同じ極どうしはしりぞけ合う性質があります。
- 磁石のN極は北を、S極は南を指します。

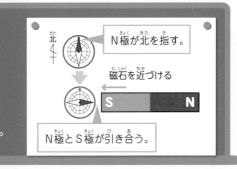

N極が北を指す。

磁石を近づける

N極とS極が引き合う。

電磁石のはたらき

電磁石とはどのようなものかな。
電磁石のしくみと、電磁石の極のでき方について見ていこう。

電磁石

コイルの中に鉄しんを入れて電流を流すと磁石のはたらきを
します。このようなしくみを電磁石といいます。

この図のようなしくみ全体を指して、電磁石というよ。

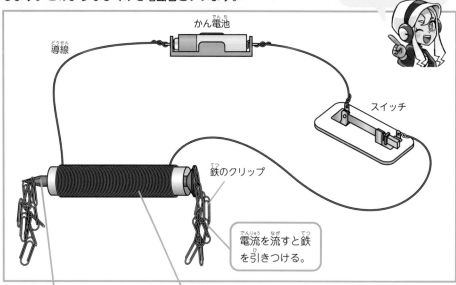

かん電池

導線

スイッチ

鉄のクリップ

電流を流すと鉄を引きつける。

鉄しん

コイルに入れる鉄くぎ、鉄の棒
などを鉄しんといいます。

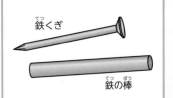

鉄くぎ

鉄の棒

コイル

導線を同じ向きに何回も巻いたものを**コイル**といいます。

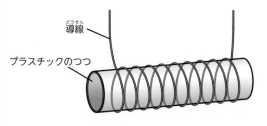

導線

プラスチックのつつ

クイズ20の答え　高温。ある温度以上になると、磁力がなくなってしまう。

コイルに入れるもの

コイルに鉄しん以外のものを入れても、磁石の力は強くなりません。

アルミニウムの棒を入れたとき

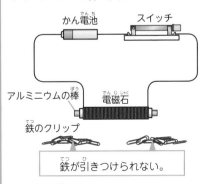

かん電池　スイッチ
アルミニウムの棒　電磁石
鉄のクリップ

鉄が引きつけられない。

ガラスの棒を入れたとき

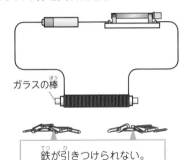

ガラスの棒

鉄が引きつけられない。

木の棒を入れたとき

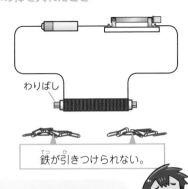

わりばし

鉄が引きつけられない。

鉄だけに、磁石の力を強くするはたらきがあるんだね！

くっつく？　くっつかない？

コイルの中に鉄くぎを入れて

電流を流すと…

ポチ

くっついたぁ！

ほかのものでもためしてみよう

チョークはダメか？

えんぴつはどうかな？

スプーンはだめかあ…

くっつくと思ったのにな〜

スイッチを入れ忘れてるよ！

あちゃ〜

オハズカシー

電磁石のはたらき

電磁石は、電流を流している間だけ磁石のはたらきをします。

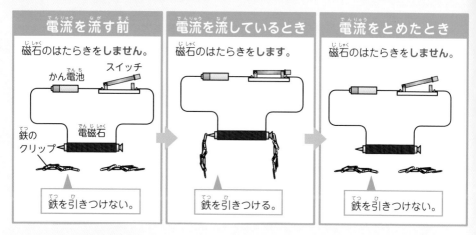

電流を流す前
磁石のはたらきをしません。
スイッチ
かん電池
鉄のクリップ
電磁石
鉄を引きつけない。

電流を流しているとき
磁石のはたらきをします。
鉄を引きつける。

電流をとめたとき
磁石のはたらきをしません。
鉄を引きつけない。

電磁石の極

電磁石も、永久磁石と同じように
N極とS極があります。

永久磁石というのは、
ふつうの磁石のことだよ。

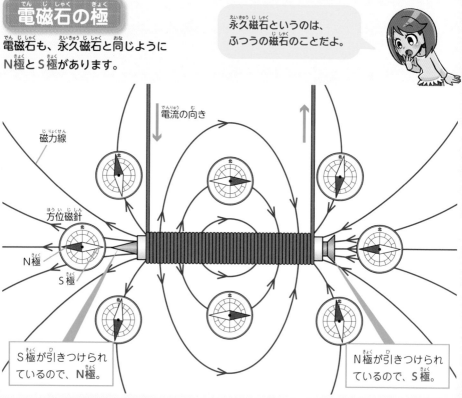

電流の向き
磁力線
方位磁針
N極
S極

S極が引きつけられているので、N極。

N極が引きつけられているので、S極。

クイズ21の答え　鉄しんには、磁石の力を集めるはたらきがあるから。

電流の向きと電磁石の極

電磁石に流す電流の向きを反対にすると、電磁石の極が反対になります。

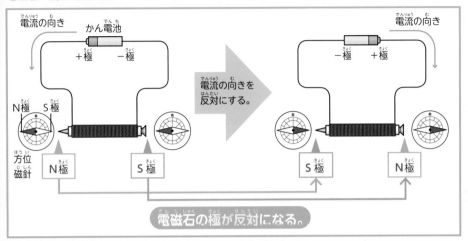

電流の向きを反対にする。

電磁石の極が反対になる。

コイルを巻く向きと電流の向き

電磁石の極は、電流の向きの他に、コイルを巻く向きによっても変わるよ。

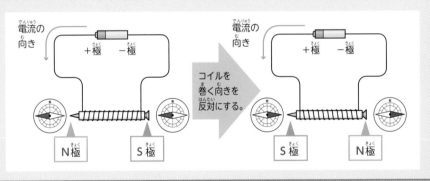

コイルを巻く向きを反対にする。

まとめ

・コイルに鉄しんを入れて電流を流すと、磁石のはたらきをします。これを電磁石といいます。
・電磁石にはN極とS極があり、電流の向きを反対にすると、電磁石の極が反対になります。

 クイズ22　方位磁針がないのに、渡り鳥はどうして方位がわかるの？

電流の大きさと電磁石の強さ

電流を流すと磁石になる電磁石は、電流の大きさなどの条件を変えることができるよ。電流の大きさを変えると、電磁石の強さはどうなるかな。

電流の大きさと電磁石の強さ

電磁石に流す電流の大きさを大きくすると、電磁石の強さは強くなります。

 実験　電流の大きさと電磁石の強さの関係について調べる。

電流を強くするためには、かん電池を直列つなぎで増やせばよかったね。
（→30ページ）

※電流計の使い方と電流の大きさの表し方については78ページを見よう！

条件	かん電池の数	1個	直列つなぎ　2個
	コイルの巻き数	100回巻き	
結果	回路	かん電池 ＋極　－極 電流計 クリップ　　余った導線	
	電流の大きさ	1.2A	1.7A
	クリップの数	10個	17個

かん電池を直列つなぎで増やすと、電流の大きさが**大きく**なり、電磁石の強さが**強く**なります。

クイズ22の答え　体に、磁石のはたらきをする小さなつぶがふくまれているから。（諸説あります）

確認しよう

比べる実験のやり方

比べる実験をするときは、調べたい条件を1つだけ変えて、そのほかの条件はすべて同じにします。

比べる実験は、いろいろな学習で登場するよ。比べる実験のポイントを、しっかりおさえておこう！

変える条件

調べたい条件を1つだけ変えます。
この実験では
・電流の大きさ（かん電池の数）

同じにする条件

調べたい条件以外の条件をすべて同じにします。
この実験では
・コイルの巻き数
・導線の長さ　・鉄しん　　　など

クリップがつく数が多いほうが、電磁石の強さが強いってことだね！

実験するときは…

調べたい条件は1つしか変えちゃダメだよ

えーなんでー

やってみたーい！

じゃあ、ためしに好きにやってみるか

うーん…

！ワ〜〜イ！！

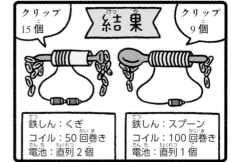

クリップ15個

結果

クリップ9個

鉄しん：くぎ
コイル：50回巻き
電池：直列2個

鉄しん：スプーン
コイル：100回巻き
電池：直列1個

だから変えるのは1つだけって言ったのに〜

鉄しんでしょ！

電池だよ！

コイル！

原因は…？

ほらね

電流計と電流の単位

電流計を使うと、電流の大きさをくわしく調べることができます。

電流計のつなぎ方

①かん電池の＋極側につながる導線を電流計の＋たんしにつなぎます。

②かん電池の－極側につながる導線を電流計の－たんしのうち、もっとも値が大きい５Ａの－たんしにつなぎます。

③針のふれが小さいときは、500mA →50mA の－たんしへと、値の小さい－たんしに順につなぎかえていきます。

電流計の単位

電流の大きさは、A（アンペア）、mA（ミリアンペア）という単位で表します。

$$1 A ＝1000mA$$

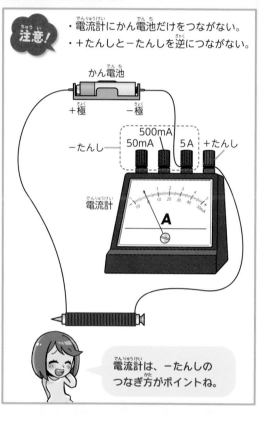

注意！
・電流計にかん電池だけをつながない。
・＋たんしと－たんしを逆につながない。

かん電池　＋極　－極

－たんし　500mA　50mA　5 A　＋たんし

電流計

電流計は、－たんしのつなぎ方がポイントね。

電流計の目もりの読み方

電流計は、どの－たんしに導線をつなぐかによって、目もりの読み方が変わります。

５Ａの－たんしにつないだとき	500mAの－たんしにつないだとき	50mAの－たんしにつないだとき
目もりの1を1Aとします。	目もりの1を100mA とします。	目もりの10を10mA とします。
50mA 500mA 5 A ＋たんし	50mA 500mA 5 A ＋たんし	50mA 500mA 5 A ＋たんし
A	**A**	**A**
1．2A	120mA	12mA

クイズ23の答え　お札。インクに磁石に引きつけられる成分がふくまれている。

かん電池の並列つなぎと電磁石の強さ

かん電池を並列つなぎで増やしても、電磁石の強さは変わりません。

実験 かん電池を並列つなぎで増やしたときの電磁石の強さを調べる。

条件	かん電池の数	1個	並列つなぎ 2個
	コイルの巻き数	100回巻き	
結果	回路	かん電池 ＋極　ー極 電流計 クリップ	
	電流の大きさ	1.2A	1.2A
	クリップの数	10個	10個

かん電池を並列つなぎで増やしても、電流の大きさが変わらないので、電磁石の強さは強くなりません。

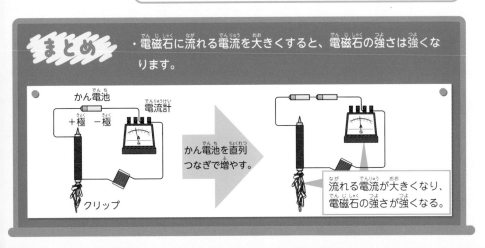

まとめ

・電磁石に流れる電流を大きくすると、電磁石の強さは強くなります。

かん電池　電流計
＋極　ー極

かん電池を直列つなぎで増やす。

流れる電流が大きくなり、電磁石の強さが強くなる。

クリップ

電磁石の強さとコイルの巻き数

コイルの巻き数を変えると、電磁石の強さはどうなるかな。電流の大きさを大きくする以外の電磁石を強くする方法について、見ていこう。

コイルの巻き数と電磁石の強さ

コイルの巻き数を多くすると、電磁石の強さは強くなります。

 実験 コイルの巻き数と電磁石の強さの関係について調べる。

	コイルの巻き数	100回巻き	200回巻き
条件	かん電池の数	1個	
結果	回路	かん電池 ＋極　－極 電流計 余った導線 クリップ	
	電流の大きさ	1.2A	1.2A
	クリップの数	10個	18個

コイルの巻き数を多くすると、電磁石の強さが強くなります。

電流の大きさが同じでも、コイルの巻き数を変えると電磁石が強くなるんだね！

そのヒミツは、84〜87ページの「電流と磁界」でくわしく説明するよ！

クイズ24の答え　電磁石のはたらきで針を動かしている。

100回巻きの回路で余っている導線は、切っちゃダメなの？

確認しよう

巻き数の実験と導線の長さ

コイルの巻き数を変える実験では、余った導線を切ってしまわないように注意しよう。導線の長さが変わると、電磁石に流れる電流の大きさが変わってしまい、正しく調べることができないよ。

導線を切ると…

導線の抵抗が小さくなり、電流が大きくなってしまう！

変える条件

調べたい条件を1つだけ変えます。
この実験では
・コイルの巻き数

同じにする条件

調べたい条件以外の条件をすべて同じにします。
この実験では
・電流の大きさ（かん電池の数）
・導線の長さ　　・鉄しん　　　　など

電流が大きくなると電磁石の力も強くなるのはわかったね

大きい

く

1つ より 直列2つ

もっともっと強くできないかな？

鉄しんを太くする？

たくさん巻く？

せまく巻く？

きれいに巻く？

強くなる条件を組み合わせると

く く

より強くなる ように…

組み合わせることで

無敵になるのだ!!

超 **ハイパワー磁石パンダ誕生!!**

条件の組み合わせと電磁石の強さ

電磁石を強くする方法を組み合わせると、より強い電磁石をつくることができます。

		電流を大きくする	コイルの巻き数を増やす
回路	かん電池 ＋極 −極 電流計 余った導線 クリップ		
電流の強さ	1.2A	1.7A	1.7A
コイルの巻き数	100回	100回	200回
クリップの数	10個	17個	32個
電磁石の力	弱い ←		→ 強い

まめちしき

ほかにもある、電磁石を強くする方法

電磁石の力を強くする方法には、鉄しんやコイルの巻き方を変える方法もあるよ。

鉄しんを太くする

コイルを巻くはばをせまくする

せまく

強くなる！

コイルをきれいに巻く

さらに強くなる！

クイズ25の答え オーロラ。太陽からきた電気のつぶが磁力に引かれて光る。

永久磁石と電磁石は、同じ性質と、ちがう性質があります。

永久磁石	電磁石
方位磁針　棒磁石 N極　　　　　　S極	かん電池　　スイッチ クリップ

	永久磁石	電磁石
同じ性質	鉄を引きつける。	
	N極とS極がある。	
ちがう性質	いつも磁石のはたらきをする。	電流を流している間だけ磁石のはたらきをする。
	極を変えることができない。	極を変えることができる。

永久磁石はいつでもどこでも磁石のはたらきをするのが便利なところね！

それに対して、電磁石は、極や強さを調節できるところが便利ね！

・電流の大きさを大きくしたり、コイルの巻き数を増やしたりすると、電磁石の強さが強くなります。

・電磁石を強くする方法を組み合わせると、より強い電磁石をつくることができます。

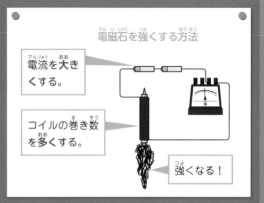

電磁石を強くする方法

電流を大きくする。

コイルの巻き数を多くする。

強くなる！

電流と磁界

電磁石は、どうして磁石のはたらきをするのかな。
電流と磁力の関係について見ていこう。

導線のまわりの磁界

導線に電流を流すと、導線のまわりに磁界ができます。

※磁界については
67ページを見よう！

	砂鉄のようす	方位磁針のようす	
電流を流していないとき	北 導線 厚紙 砂鉄 / 砂鉄は動かなかった。	北 方位磁針 N極 / N極が北を指したまま動かなかった。	・導線のまわりに磁界ができていません。
上から下へ電流を流す	北 磁力線 電流の向き / 砂鉄が輪のような模様になった。	北 磁界の向き / N極の向きが、導線を中心に時計回りに並んだ。	・導線のまわりに時計回りの磁界ができています。
下から上へ電流を流す	北 磁力線 電流の向き / 砂鉄が輪のような模様になった。	北 磁界の向き / N極の向きが、導線を中心に反時計回りに並んだ。	・導線のまわりに反時計回りの磁界ができています。

クイズ26の答え　鉄などを強力な電磁石に近づけて、磁石にする。

電流を流すと、導線のまわりに磁石の力がはたらくんだね。電磁石のヒミツは電流にありそうだよ！

・導線に電流を流すと、導線のまわりに磁界ができます。
・電流の向きを反対にすると、磁界の向きも反対になります。

まめちしき

右ねじの法則

導線の向きと磁界の向きは、身近によく見られる「右ねじ」と同じ向きになっているんだ。右手を使って向きを確かめることもできるよ。

右ねじ
- ねじを回す向きが磁力線の向き
- ねじの進む向きが電流の向き

右手
- ねじを回す向きが磁力線の向き
- ねじの進む向きが電流の向き

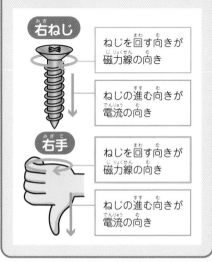

月が〜出た〜
月が〜出た〜
月が〜出た〜♪

ヨイッ
ヨイッ

次は反対回りだよ〜！

磁石パンダは一体何をやってるの？

おぼえてね！

ぼくは電流の向きで

みんなは磁界の向きね！

え〜！

導線の上下の磁界

導線の上や下に方位磁針を置くと、磁界の向きに合わせて針がふれます。

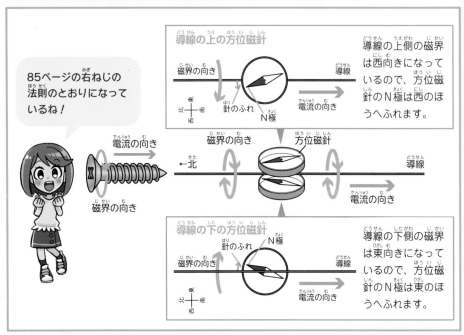

85ページの右ねじの法則のとおりになっているね！

導線の上の方位磁針

磁界の向き　導線

針のふれ　N極

電流の向き

北

導線の上側の磁界は西向きになっているので、方位磁針のN極は西のほうへふれます。

電流の向き　磁界の向き

磁界の向き　方位磁針

北　　導線

電流の向き

導線の下の方位磁針

N極　針のふれ

磁界の向き　導線

電流の向き

導線の下側の磁界は東向きになっているので、方位磁針のN極は東のほうへふれます。

電流の大きさと針のふれ

導線に流す電流の大きさを大きくすると、方位磁針の針のふれが大きくなります。

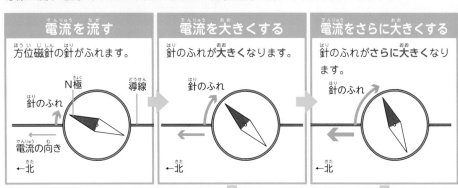

電流を流す
方位磁針の針がふれます。

N極　導線
針のふれ
電流の向き
←北

電流を大きくする
針のふれが大きくなります。

針のふれ
←北

電流をさらに大きくする
針のふれがさらに大きくなります。

針のふれ
←北

電流の大きさを大きくすると、導線のまわりの磁界（磁石の力）が強くなります。

クイズ27の答え　火星はなっていない。木星や土星はなっている。

コイルのまわりの磁界

導線を同じ向きに巻いてコイルをつくると、コイルのまわりの磁力線が集まって磁石の力を強めあい、磁界が強くなります。

導線を1回巻く

導線が重なった部分の磁界の向きは、同じになります。

導線

磁界の向き

同じ向きになる。

電流の向き

導線を何回も巻いてコイルをつくる

コイルをつくると、導線の磁界が重なり、全体として棒磁石のような磁力線になります。(→74ページ)

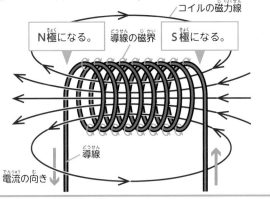

コイルの磁力線

N極になる。 導線の磁界 S極になる。

導線

電流の向き

まめちしき

コイルの巻き数と電磁石の強さ

導線を巻くと、導線のまわりの磁界が重なって、磁石のはたらきが強くなるよ。だから、コイルの巻き数を増やすと電磁石が強くなるんだ。(→80ページ)

電流の向きと電磁石の極

電流の向きを反対にすると、コイルのまわりの磁界の向きが反対になるよ。だから、電磁石に流す電流の向きを反対にすると、極が反対になるんだ。(→75ページ)

電磁石の性質は、導線がつくる磁界と関係があるんだね。

まとめ

- 導線に電流を流すと、磁界ができます。
- 電流の向きを反対にすると、磁界の向きが反対になります。
- 電流の大きさを大きくすると、導線のまわりの磁界が強くなります。
- 導線を巻いてコイルをつくると、磁力線が集まって磁界が強くなります。

クイズ28 牧場などのウシには、磁石を飲みこませることがあるよ。なぜ？

電磁石の利用

身のまわりのどこに電磁石が使われているか、知っているかな。気づきにくいけれど、私たちの近くでは、たくさんの電磁石が活やくしているよ。

電磁石の利用

電磁石は、身のまわりのさまざまな場所で利用されています。

知ってるよ！

リニアモーターカーは、電磁石の力で時速約500km ものスピードが出るんだよね！

リニアモーターカー

車体とガイドレールに取りつけられた電磁石が引き合ったりしりぞけ合ったりすることで、車体をうかせたり、走らせたりします。

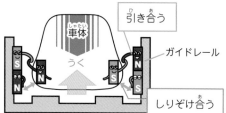

前から見たようす

引き合う

車体

うく

ガイドレール

しりぞけ合う

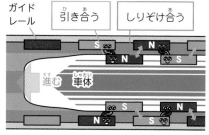

上から見たようす

ガイドレール

引き合う

しりぞけ合う

進む　車体

クイズ28の答え　牧草といっしょに食べてしまう鉄くずなどをくっつけて外に出しやすくするため。

すばらしい磁石パワー

すずし――い！

あ〜

ここにも電磁石のしくみが使われているんだよ

モーター

そうなんだー！！

スマートフォンの振動

エスカレーター

モーターが使われているものは身近にたくさんあるよ

お、お〜〜う！

スバラシ〜

やっぱり磁石ってすごいっ!!

みんなもそう思わな〜い!?

ベル

電磁石が鉄を引きつける力を利用してハンマーを動かし、音を出します。

非常ベル

ベルのしくみ

①回路に電流が流れると、電磁石が鉄のハンマーを引きつけます。

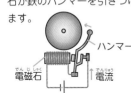

ハンマー
電磁石
電流

②ハンマーが引きつけられるとベルをたたいて音が鳴り、接点とハンマーがはなれて電流が流れなくなります。

ベル
カン
接点

①〜③をくり返すことで、音が鳴り続けます。

③電流が流れなくなり、電磁石が鉄を引きつけなくなると、ハンマーがはなれます。

電磁石クレーン

電磁石が鉄を引きつける力を利用して、鉄くずなどを持ち上げたり、放したりします。

電磁石
鉄くず

クイズ29　リニアモーターカーの電磁石は、－269℃に冷やされているよ。なぜ？

モーター

モーターは、電磁石と永久磁石の引き合う力やしりぞけ合う力を利用して回転します。

モーターのつくり

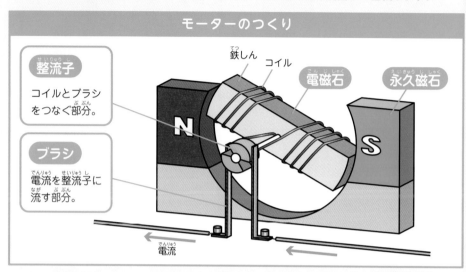

整流子
コイルとブラシをつなぐ部分。

ブラシ
電流を整流子に流す部分。

鉄しん
コイル
電磁石
永久磁石
N
S
電流

電流の通り道

モーターに電流を流すと、ブラシ→整流子→コイル→整流子→ブラシの順に流れます。

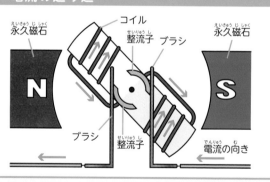

永久磁石
コイル
整流子
ブラシ
永久磁石
N
S
ブラシ
整流子
電流の向き

まめちしき

モーターは、どんなものに使われている？
電気のはたらきでものを回すモーターは、電気製品などに多く使われているよ。せん風機や洗たく機、そうじ機は、どれもモーターで羽根などを回しているんだ。

クイズ29の答え　超低温にすると、電磁石に永遠に電流が流れ続けるから。

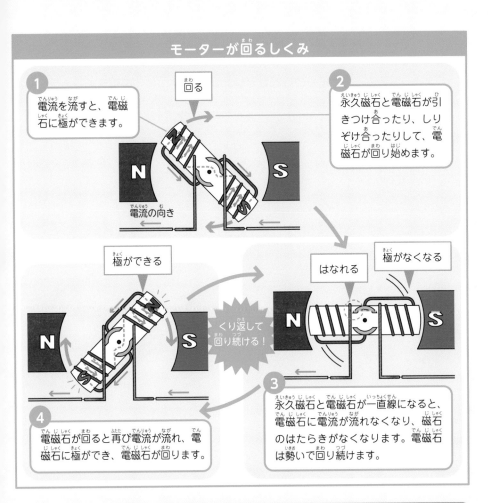

モーターが回るしくみ

回る

1 電流を流すと、電磁石に極ができます。

2 永久磁石と電磁石が引きつけ合ったり、しりぞけ合ったりして、電磁石が回り始めます。

電流の向き

極ができる

はなれる

極がなくなる

くり返して回り続ける！

4 電磁石が回ると再び電流が流れ、電磁石に極ができ、電磁石が回ります。

3 永久磁石と電磁石が一直線になると、電磁石に電流が流れなくなり、磁石のはたらきがなくなります。電磁石は勢いで回り続けます。

まとめ ・電磁石は、身のまわりのさまざまな場所で利用されている。

電磁石を利用しているものと、利用している性質

	鉄を引きつける	磁石の強さを変えられる	磁石の極を変えられる
リニアモーターカー	ー	○	○
電磁石クレーン	○	○	ー
ベル	○	○	ー
モーター	ー	○	○

クイズ30 リニアモーターの「リニア」って、どういう意味？

1 次のうち、磁石につくものはどれでしょうか。（　）に○を書きましょう。

(1)10円玉（銅）（　　　　　）　　(2)鉄のクリップ（　　　　　）

(3)ガラスのコップ（　　　　　）　　(4)アルミニウムはく（　　　　　）

(5)木のものさし（　　　　　）

2 磁石に鉄のクリップをつけました。正しい図の（　）に○を書きましょう。

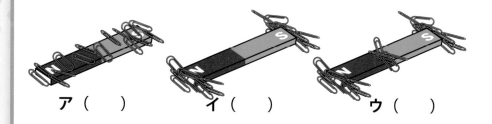

ア（　　　）　　イ（　　　）　　ウ（　　　）

3 下の図は、棒磁石を糸でつるしたところです。次の問題に答えましょう。

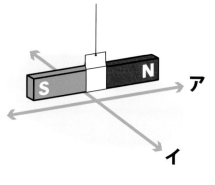

(1)ア、イは、それぞれどちらの方角でしょうか。（　）に方位を書きましょう。

ア（　　　　　）

イ（　　　　　）

(2)左の図の棒磁石のN極に、別の棒磁石のS極を近づけるとどうなりますか。（　）に書きましょう。

（　　　　　　　　　　　）

4 電磁石に電流を流したとき、下の図のように方位磁針の針が引きつけられました。次の問題に答えましょう。

(1)電磁石の**ア**と**イ**は、それぞれ何極でしょうか。( )に書きましょう。

ア ( ) 極

イ ( ) 極

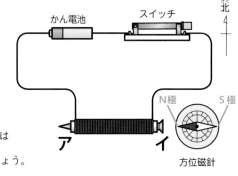

(2)**スイッチ**を切ると、方位磁針のN極はどうなるでしょうか。( )に書きましょう。

( )

(3)かん電池をつなぐ向きを反対にしてスイッチを入れると、電磁石の**ア**は何極になるでしょうか。( )に書きましょう。

( ) 極

5 下のような回路を作りました。次の問題に答えましょう。

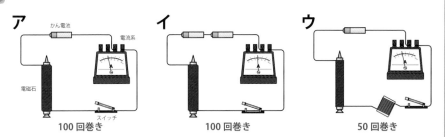

ア かん電池 電流系 電磁石 100回巻き

イ 100回巻き

ウ 50回巻き

(1)スイッチを入れて、**ア**と**イ**、**ア**と**ウ**をそれぞれ比べました。何の関係について調べることができるでしょうか。( )に書きましょう。

アと**イ** ……( ) と電磁石の強さの関係。

アと**ウ** ……( ) と電磁石の強さの関係。

(2)電磁石を強くするためにはどうすればよいでしょうか。( )に書きましょう。

・電流の大きさを ( )

・コイルの巻き数を ( )

答えは216ページにのっています。

電磁石の力で クッキング!?

火を使わずになべなどをあたためる
IH クッキングヒーターには、
電磁石の力が使われているよ。
どんなしくみになっているのかな?

大きなコイルが
電磁石のはたらきを
するのね!

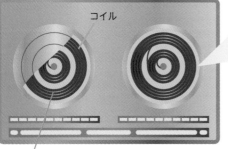

コイル

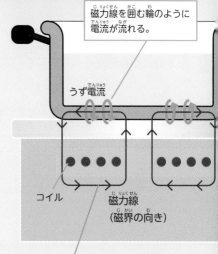

磁力線を囲む輪のように
電流が流れる。

うず電流

コイル　　磁力線
（磁界の向き）

IH クッキングヒーターの中には コイルが入っている!

なべをのせる部分の下には、大きなコイルが
入っているよ。このコイルに電流を流すこと
で、コイルのまわりに磁界ができるんだ。

コイルの磁界で なべに電流が流れる!

強い磁界の中に金属のなべを置くと、なべの
底に「うず電流」とよばれる電流が流れるん
だ。

どんななべでも使えるの？

IHクッキングヒーターは、なべに流れる電流を利用するので、電気を通さないガラスのなべや土なべは使えないよ。

最近は、電流を流すために金属をうめこんだ土なべもあるよ。

コイルに流す電流は、1秒間に数万回向きを変えている！

うず電流を流し続けるためには、磁界の向きを変え続けなくてはいけないんだ。IHクッキングヒーターは、効率よくなべをあたためるために、コイルに流す電流の向きを1秒間に数万回も変えているんだよ。

すごい速さでスイッチを切りかえている！

ガチャガチャ

電流

金属の抵抗によって、発熱する！

金属に電流を流すと、抵抗（電気の流れにくさ）によって熱が出るよ。その熱を利用して、なべをあたためるんだ。

電熱線が発熱するのに似ているね。

そのころ…

おかしいなあ…
もう30分すぎてるのに

これはもしかしたら
鏡のワナに
かかったかも…

ワナ？

タッ

とりあえずまなの
家に行ってみよう

あっまなだ

あれ、どうしたんだろ？

なんか言ってる？

ぜんぜん
聞こえないよ

この時計を鏡にうつすとこのとおり

45分が15分に！

ええっ、反対に見えちゃうの!? じゃあさっきも40分だったんだ！

わーん、ごめん！ 鏡にだまされた〜

短針で気づかなかったの？

分を気にしてると意外と気づかないんだよね

わかる…

チューて！

どうして鏡は反対に見えるの？

もうまちがえないように 教えて、エネちゃん！

オッケー！ 鏡と光のヒミツについて説明するよ！

光の直進

かい中電灯を使うと、照らしたところが明るく見えるね。これは、
かい中電灯を向けた方へ光がまっすぐ進むからなんだ。光の性質を見ていこう。

光の直進

光には、まっすぐに進む性質があります。これを、光の直進 といいます。

きれい！
まっすぐ進む、
光の道筋が見えるね！

クイズ30の答え 「直線」という意味。回転モーターの磁石をまっすぐに並べたようなつくりだから。

いろいろな光源

太陽の光は平行に進む性質があるよ

だからボールのかげもおなじ大きさなんだ

ホントだー

あれ？急にかげが大きくなった

なんで？

あ、なるほど光源が近くなったんだ…

ブラインドから差しこむ光

すき間から入った光がまっすぐ進んでいる。

レーザーの光を使ったショー

太陽の光と豆電球の光

太陽の光は平行に進みますが、豆電球の光は広がりながら進みます。

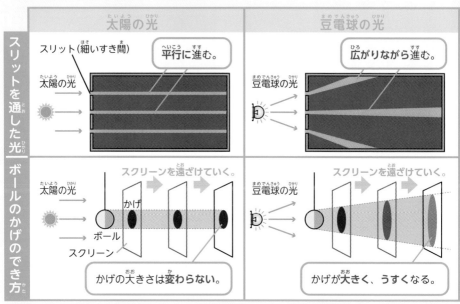

スリットを通した光

太陽の光

スリット（細いすき間）

太陽の光

平行に進む。

豆電球の光

広がりながら進む。

豆電球の光

ボールのかげのでき方

太陽の光

ボール

かげ

スクリーン

スクリーンを遠ざけていく。

かげの大きさは変わらない。

豆電球の光

スクリーンを遠ざけていく。

かげが大きく、うすくなる。

太陽の光が平行なのは、地球からはるか遠くにあるからだよ。

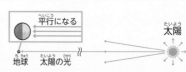

平行になる

地球　太陽の光　太陽

まめちしき

光源が物体より大きいときのかげ

光源が物体より大きいと、こいかげの周りにうすいかげができるよ。このようなかげは、日食の時にできるよ。こいかげを本影、うすいかげを半影というんだ。

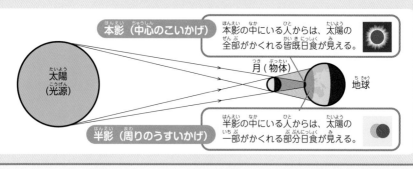

太陽（光源）

本影（中心のこいかげ）

半影（周りのうすいかげ）

月（物体）

地球

本影の中にいる人からは、太陽の全部がかくれる皆既日食が見える。

半影の中にいる人からは、太陽の一部がかくれる部分日食が見える。

クイズ31の答え　「光子」という、目に見えないとても小さいつぶの流れ。

ピンホールカメラ

ピンホールカメラは、小さな穴を通った光がスクリーンに像（→107ページ）をうつすしくみになっています。スクリーンにうつる像は、上下左右が反対になります。

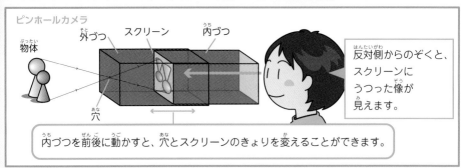

ピンホールカメラ

物体　外づつ　スクリーン　内づつ　穴

反対側からのぞくと、スクリーンにうつった像が見えます。

内づつを前後に動かすと、穴とスクリーンのきょりを変えることができます。

スクリーンにうつる像の変化

スクリーンや物体の位置を変えると、スクリーンにうつる像の大きさや明るさが変わります。

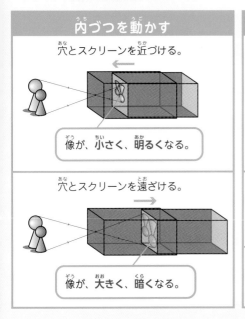

内づつを動かす

穴とスクリーンを近づける。

像が、小さく、明るくなる。

穴とスクリーンを遠ざける。

像が、大きく、暗くなる。

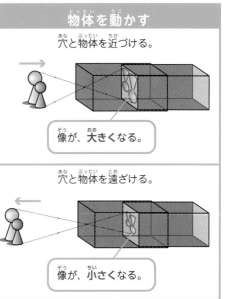

物体を動かす

穴と物体を近づける。

像が、大きくなる。

穴と物体を遠ざける。

像が、小さくなる。

まとめ

・光には、直進する性質がある。
・太陽の光は平行に進み、豆電球の光は広がりながら進む。

光の反射

鏡に自分の姿をうつして見ることができるのは、鏡に当たった光が
はね返るからなんだ。光がはね返るときのきまりを見ていこう。

光の反射

鏡などを使うと、光を反射させる（はね返す）ことができます。

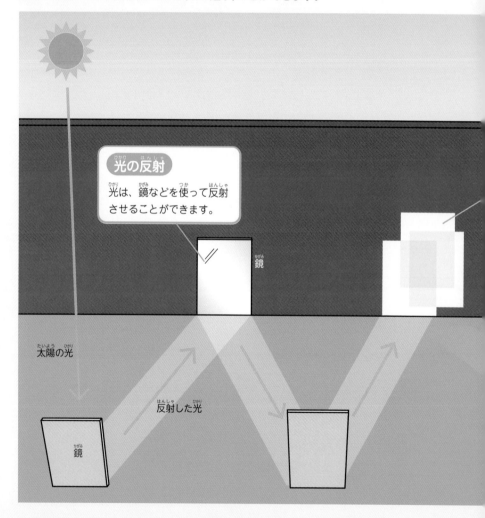

光の反射

光は、鏡などを使って反射
させることができます。

鏡

太陽の光

反射した光

鏡

クイズ32の答え 台湾にいる光の強いホタルなら、20匹ほどで読める。

鏡の世界!?

光を集める

鏡を使って光を集めると、光を集めた部分は、明るく、あたたかくなります。反射させた光が多く集まった部分ほど、明るく、あたたかくなります。

鏡1枚分の光
鏡2枚分の光

鏡3枚分の光

最も明るく、
あたたかい。

光が多く重なった部分ほどあたたかいのは、光のエネルギーが多く集まるからだよ。

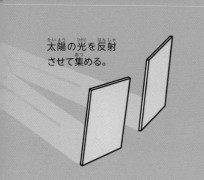

太陽の光を反射させて集める。

あ、同じクラスのさくらちゃんだ

鏡に向かって何をやってるんだろう?

鏡の中は反対になるだよね

えっ、鏡の中だけ動いてる?

あ…

ふたごだったんだ…

光の反射と角度

鏡に光を当てたとき、光が鏡に当たる角度と、光が反射する角度は等しくなります。

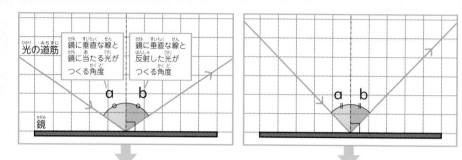

光の道筋

鏡に垂直な線と鏡に当たる光がつくる角度 a

鏡に垂直な線と反射した光がつくる角度 b

鏡

鏡に光を当てる角度を変えても、aとbの角度はいつも等しくなります。

光の道筋と鏡にうつるものの見え方

人には、光が来た方向に物体があるように見えるので、鏡の中にものが見えます。

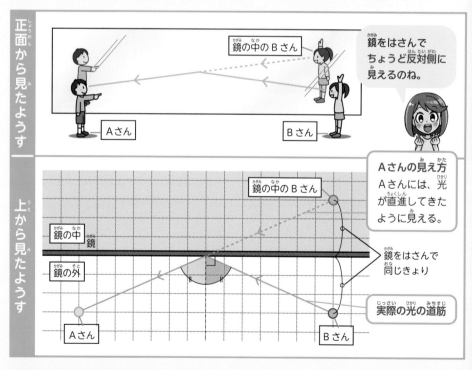

正面から見たようす

鏡の中のBさん

Aさん

Bさん

鏡をはさんでちょうど反対側に見えるのね。

上から見たようす

鏡の中のBさん

鏡の中

鏡

鏡の外

Aさん

Bさん

Aさんの見え方
Aさんには、光が直進してきたように見える。

鏡をはさんで同じきょり

実際の光の道筋

クイズ33の答え　色が変わる。

鏡にうつる像

鏡にうつる像は、左右が反対に見えます。上下は反対になりません。

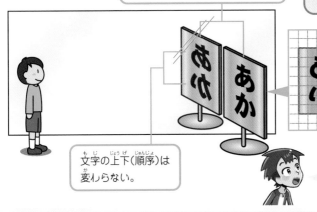

文字の左右が反対になっている。

文字の上下（順序）は変わらない。

確認しよう

像

鏡にうつったり、レンズを通したりして見えるものを像という。

鏡をはさんで、左右が対称（線対称）になっているよ。

まめちしき

光がもどってくる鏡

鏡を3枚直角に合わせたものに光を当てると、どんな方向から光を当てても、もとの方向へもどるんだ。このような、光を来た方向へ反射させるしくみは、自転車やキーホルダーに使われる反射材などに利用されているよ。

反射材

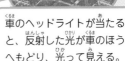

車のヘッドライトが当たると、反射した光が車のほうへもどり、光って見える。

まとめ

- 光は、鏡などに当たると反射する。
- 光は、鏡に当たったときと同じ角度で反射する。
- 鏡にうつった像は、左右が反対に見える。

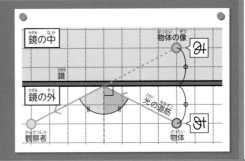

鏡の中　物体の像

鏡

鏡の外　光の道筋

観察者　物体

クイズ34 人より多くの波長の光を見ることができるのは、鳥、ネコどっち？

光のくっ折

光には、ガラスなどを通りぬけるときに折れ曲がる性質があるよ。光が
曲がって進むことで、ものが曲がって見えたり、不思議な現象が起きるよ。

光のくっ折

空気や水、ガラスなど、
ちがうものの境目を光が
進むと光が曲がります。
これを、光のくっ折と
いいます。

光が曲がって
進むと、こんな
風にストローが
ずれて見えるよ。

空気中と水中のストローが
ずれて見える。

曲がって見えるストロー

虫めがね

虫めがね（とつレンズ）は、光のくっ折を利用した
道具です。虫めがねを使うと、光をくっ折させて
集めることができます。

虫めがねを通った光の集まり方

虫めがねと 紙のきょり	近い ←

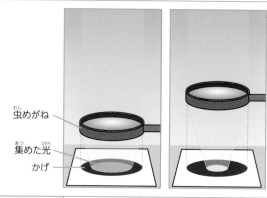

虫めがね

集めた光

かげ

光の大きさ	大きい ←
明るさ	暗い ←
温度	低い ←

注意!

・目をいためるので、虫めがねで太陽を見ないこと。
・高温になるので、虫めがねで集めた光を、人の体や
服などに当てないこと。
・虫めがねで集めた光を、長い時間見つめないこと。

クイズ34の答え　鳥。人には見えない紫外線とよばれる光が見える。

確認しよう

とつレンズ

虫めがねのような、真ん中がふくらんだレンズをとつレンズという。

虫めがねで光を集めたようす

→ 遠い

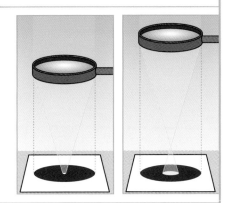

もっとも小さい → 大きい

もっとも明るい → 暗い

もっとも高い → 低い

集めた光がもっとも小さくなったときにもっとも明るく、温度が高くなります。

魚とり勝負!!

キャンプに来ました

どっちが早く魚をとれるか勝負だ!

やった!!とれそうな魚を見つけたぞ!これは勝った!

あれっ?

思ったより深いぞ!?

光のくっ折にだまされたねケンタくん!

ケンタはこの日のくやしさで光のくっ折を忘れることはなかった

水面に当てた光の進み方

光は、空気と水の境目でくっ折したり、反射したりします。

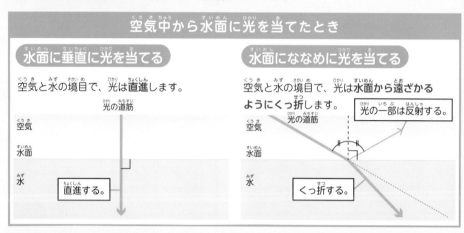

空気中から水面に光を当てたとき

水面に垂直に光を当てる

空気と水の境目で、光は**直進**します。

光の道筋

空気
水面
水

直進する。

水面にななめに光を当てる

空気と水の境目で、光は**水面から遠ざかる**
ようにくっ折します。

光の一部は反射する。

光の道筋

空気
水面
水

くっ折する。

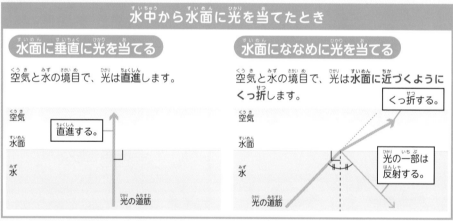

水中から水面に光を当てたとき

水面に垂直に光を当てる

空気と水の境目で、光は**直進**します。

空気
水面
水

直進する。

光の道筋

水面にななめに光を当てる

空気と水の境目で、光は**水面に近づくように**
くっ折します。

くっ折する。

空気
水面
水

光の一部は
反射する。

光の道筋

まめちしき

うき上がる10円玉

ボウルの底に10円玉を入れて
水を注ぐと、見えなかった
10円玉がうき上がったように
見えるようになるよ。これは、
光のくっ折によるものなんだ。

水が入っていないとき

ボウルの底の
10円玉は
見えない。

水を入れると…

水

光のくっ折で、
10円玉が
うき上がって
見える。

クイズ35の答え いろいろな波長（色）の光が混ざっていて、白っぽく見える。

ガラスに当てた光の進み方

光は、ガラスと空気の境目でくっ折したり、反射したりします。

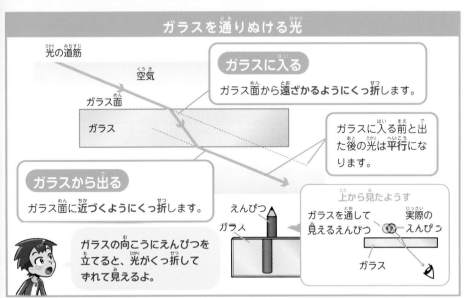

ガラスを通りぬける光

光の道筋

空気

ガラス面

ガラス

ガラスに入る
ガラス面から遠ざかるようにくっ折します。

ガラスに入る前と出た後の光は平行になります。

ガラスから出る
ガラス面に近づくようにくっ折します。

ガラスの向こうにえんぴつを立てると、光がくっ折してずれて見えるよ。

えんぴつ

ガラス

上から見たようす
ガラスを通して見えるえんぴつ　　実際のえんぴつ

ガラス

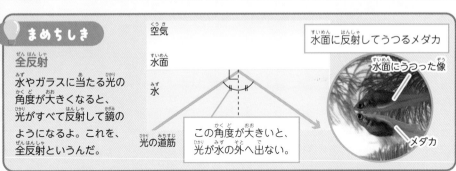

まめちしき

全反射
水やガラスに当たる光の角度が大きくなると、光がすべて反射して鏡のようになるよ。これを、全反射というんだ。

空気

水面

水

光の道筋

この角度が大きいと、光が水の外へ出ない。

水面に反射してうつるメダカ

水面にうつった像

メダカ

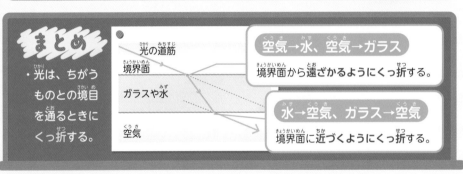

まとめ

・光は、ちがうものとの境目を通るときにくっ折する。

光の道筋

境界面

ガラスや水

空気

空気→水、空気→ガラス
境界面から遠ざかるようにくっ折する。

水→空気、ガラス→空気
境界面に近づくようにくっ折する。

とつレンズ

虫めがね(とつレンズ)には、光をくっ折させて集めるはたらきがあったね。(→108ページ)
とつレンズでくっ折した光は、どのように進み、どのような像をつくるのかな。

とつレンズを通った光

とつレンズに平行な光を当てると、とつレンズを通った光はくっ折し、しょう点に集まります。

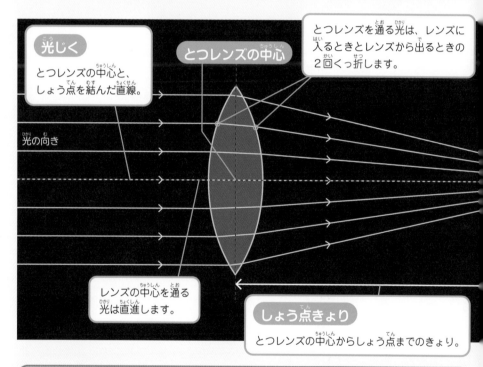

光じく
とつレンズの中心と、しょう点を結んだ直線。

とつレンズの中心

とつレンズを通る光は、レンズに入るときとレンズから出るときの2回くっ折します。

光の向き

レンズの中心を通る光は直進します。

しょう点きょり
とつレンズの中心からしょう点までのきょり。

まめちしき

とつレンズとくっ折のきまり
とつレンズに入る光はガラス面から遠ざかるように、とつレンズから出る光はガラス面に近づくようにくっ折するよ。111ページのガラスのくっ折のきまりと同じだね。

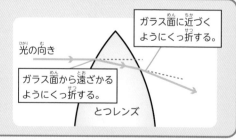

光の向き

ガラス面に近づくようにくっ折する。

ガラス面から遠ざかるようにくっ折する。

とつレンズ

クイズ36の答え　光が反射しやすく、また、くっ折する角度が大きいから。

とつレンズの実験

しょう点

とつレンズを通った光は1点に集まります。光が集まる点を**しょう点**といいます。しょう点は、レンズの左右に1か所ずつあります。

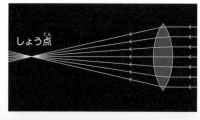

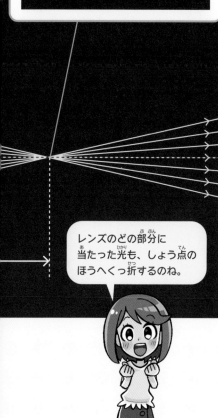

レンズのどの部分に当たった光も、しょう点のほうへくっ折するのね。

とつレンズがスクリーンにうつす像（実像）

とつレンズのしょう点の外側に物体を置くと、反対側に置いたスクリーンに像（実像）ができます。物体の位置を変えると、像ができる位置や大きさが変わります。

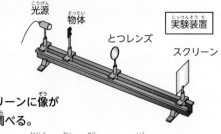

実験装置

実験 物体の位置を動かして、スクリーンに像がうつる位置と、像の見え方を調べる。

※本来、レンズを通る光は2回くっ折しますが、下の図は、レンズの中心で1回くっ折するように省りゃくしています。

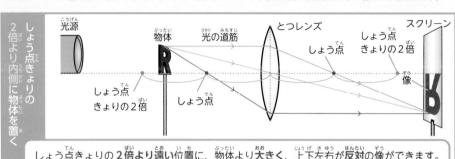

しょう点きょりの2倍より内側に物体を置く

しょう点きょりの**2倍より遠い**位置に、物体より**大きく**、上下左右が**反対**の像ができます。

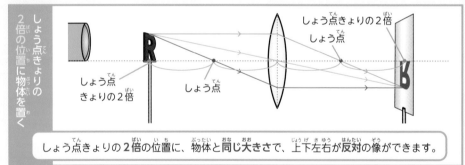

しょう点きょりの2倍の位置に物体を置く

しょう点きょりの**2倍**の位置に、物体と**同じ大きさ**で、上下左右が**反対**の像ができます。

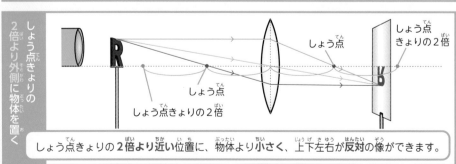

しょう点きょりの2倍より外側に物体を置く

しょう点きょりの**2倍より近い**位置に、物体より**小さく**、上下左右が**反対**の像ができます。

クイズ37の答え 直径1.25m。1900年のパリ万国博覧会用に作られた。

とつレンズの中に見える像（きょ像）

とつレンズのしょう点の内側に物体を置くと、スクリーンに像はできません。とつレンズの反対側からとつレンズをのぞくと、上下左右が同じ向きで物体より大きな像（きょ像）が見えます。

とつレンズの中に見える像

虫めがねをのぞいたときに見える像だね！

まめちしき

人の目にもレンズ!?
人の目には、とつレンズのはたらきをする部分があるよ。とつレンズで光を集めて像をつくることで、ものを見ているんだ。

水しょう体
とつレンズのはたらきをする。

もうまく
スクリーンのはたらきをする。

光

人の目のつくり

まとめ

- とつレンズのしょう点の外側に物体を置くと、とつレンズの反対側に置いたスクリーンに像（実像）がうつります。
- とつレンズのしょう点の内側に物体を置いて反対側からとつレンズをのぞくと、拡大された像（きょ像）が見えます。

光源　物体　とつレンズ　スクリーン

しょう点　しょう点
きょりの
2倍

スクリーンにうつる像の見え方

物体と とつレンズのきょり	スクリーンと とつレンズのきょり	像の大きさ	像の向き
しょう点きょりの 2倍より近い　近い	しょう点きょりの 2倍より遠い　遠い	大きい　大	上下左右が 反対
しょう点きょりの 2倍	しょう点きょりの 2倍	物体と同じ	
しょう点きょりの 2倍より遠い　遠い	しょう点きょりの 2倍より近い　近い	小さい　小	

クイズ38　とつレンズの厚さが厚くなると、しょう点きょりはどうなる？

音のふるえと伝わり方

わたしたちの身のまわりには、いろいろな音があふれているね。
音が出るのはどんなときで、どうやって音が伝わるのかな。見ていこう。

音のふるえ（しん動）

音を出しているものをさわると、ふるえています。ものは、ふるえる（しん動する）ことで音を出しています。

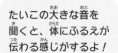

たいこの大きな音を聞くと、体にふるえが伝わる感じがするよ！

たいこの音が出るしくみ

たいこをたたくと、たいこの皮がふるえます。皮のふるえがまわりの空気をふるわせ、音が出ます。
手でたいこの皮のふるえを止めると、音も止まります。

たいこの皮

空気

クイズ38の答え　レンズの厚さが厚いほど短くなる。

やってみよう！

音のふるえを感じてみよう！

人は、のどにある「声帯」をふるわせて
声を出しているよ。

あ──

のどにやさしく手を当てて声を出し、
のどのふるえを感じてみよう。

あ～～～

声を大きくすると、のどのふるえ方は
どうなるかな。

音の大きさとふるえ

たいこを強くたたくと、たいこの皮や空気の
ふるえが大きくなり、音が大きくなります。

弱くたたいたとき　　　強くたたいたとき

ドン　　　　　　ドンッ

ふるえが小さい。	ふるえが大きい。

音は反射する性質があるからね

わっ、声がかえってきた

よーしぼくも…

向こうの山に人がいることもあるよね…

え!?

山がしゃべった？

音を伝えるもの

音は、もののふるえが次々と伝わることで伝わります。空気（気体）だけでなく、水（液体）や鉄（固体）なども、音を伝えます。

空気（気体）
話し声は、空気中を伝わって耳に届き、聞こえます。

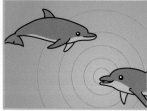

水（液体）
イルカの鳴き声は水中を伝わります。

鉄（固体）
鉄棒に耳をつけると、鉄を伝わって音が聞こえます。

まめちしき

宇宙には音がない!?
宇宙空間は、空気などのものがほとんどない「真空」なんだ。音を伝えるものがないから、宇宙空間では音が聞こえないんだ。

しーん…

ロケットの音も聞こえないよ！

音の反射と吸収

音は、ガラス板のような固くて平らなものに当たると反射します。スポンジのようなやわらかいものに当たると吸収されます。

ガラス板に音を当てたとき
ガラス板で反射した音が聞こえます。

ガラス板
つつ
時計

スポンジに音を当てたとき
スポンジに吸収されて、ほとんど音が聞こえません。

スポンジ

クイズ39の答え 耳の中の「こまく」に空気のふるえが伝わって、音を感じる。

音の伝わる速さ

音は、1秒間に約340mの速さで伝わります。
光は、1秒間に約30万kmの速さで伝わります。

光の速さは、1秒間に地球を
7周半する速さだよ。
音よりはるかに速いんだ。

やってみよう！

問題：かみなりが発生した場所までのきょりを計算してみよう。

かみなりの光が見えてから音が聞こえるまで5秒かかったとき、かみなりが発生した場所までのきょりは何mかな。

※光の速さはとても速いので、かみなりが光ると同時に光が見えると考えていいよ。

考え方

音が1秒間に進むきょりは340m、
音が聞こえるまでの時間は5秒なので、
かみなりが発生した場所までのきょりは、

340（m）×5（秒）＝**1700（m）**

問題：やまびこが返ってくるまでの時間を計算してみよう。

向かいの山までのきょりが680mのとき、やまびこが返ってくるまでの時間は何秒になるかな。

※やまびことは、向かいの山に向かってさけんだ声が、反射して返ってくる現象のことだよ。

考え方

向かいの山までのきょりは680m、音は往復の
きょりを伝わるので、音が伝わるきょりは、

680（m）×2＝1360（m）

音が1秒間に進むきょりは340mなので、
音が伝わるのにかかる時間は、

1360（m）÷340（m）＝**4（秒）**

まとめ

- ものがふるえる（しん動する）と、音が出る。
- もののふるえが空気や水などに伝わることで、音が伝わる。
- 音は、固くて平らなものに当たると反射する。
- 光が伝わる速さは、音が伝わる速さよりはるかに速いので、かみなりや花火の光を見てから音が聞こえるまでには時間差がある。

音の波の形と音の変化

目に見えない音を、目に見える形で表すとどうなるのかな。
音を変えると、音の形がどのように変わるかを見ていこう。

音の波

音のふるえ(しん動)は、波の形で表すことができます。

音さをたたいて出た音の波の形

音さ

※音さとは、決まった高さの音を出すことができる器具で、金属でできているよ。

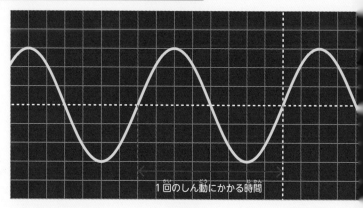

1回のしん動にかかる時間

音の大きさとしんぷく

音の大きさは音をたたく強さで変わるよ。

音の大きさが変わると、しんぷくが変わります。

音が小さいとき

音さを弱くたたく。

しんぷくが小さくなります。

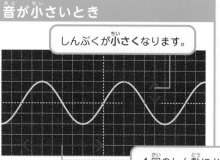

音さを強くたたく。

1回のしん動にかかる時間は同じです。

クイズ40の答え　おふろのかべは音を反射しやすく、何度も音が反射するから。

森の楽団

まめちしき

音の波を調べる装置

音の波のようすは、コンピュータや、オシロスコープという機械を使って調べることができるよ。

オシロスコープ

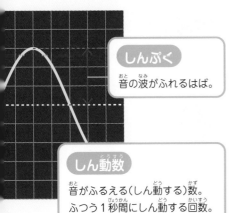

しんぷく

音の波がふれるはば。

しん動数

音がふるえる（しん動する）数。ふつう1秒間にしん動する回数。

音が大きいとき

しんぷくが大きくなります。

音の高さとしん動数

音の高さが変わると、しん動数が変わります。

音さは、大きさによって
音の高さがちがい、大きい
ほど低い音が出るよ。

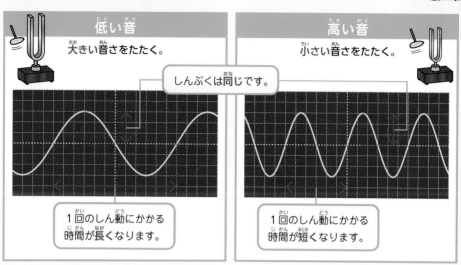

低い音

大きい音さをたたく。

高い音

小さい音さをたたく。

しんぷくは同じです。

1回のしん動にかかる
時間が長くなります。

1回のしん動にかかる
時間が短くなります。

まめちしき

楽器の大きさと音の高さ

音さの大きさで音の高さが変わるように、
大きくて重い楽器は低い音が、小さくて
軽い楽器は高い音がするんだ。

バイオリン

小さい。
↓
高い音が
出る。

コントラバス

大きい。
↓
低い音が
出る。

音色

同じ高さ、同じ大きさの音でも、
楽器によって音の波の形がちが
います。このような音の特ちょ
うを音色といいます。

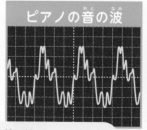

ピアノの音の波

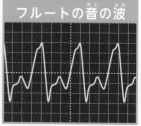

フルートの音の波

電子楽器は、音の波の特ちょうをもとに、
機械で音をつくり出しているんだよ。

クイズ41の答え　温度や伝えるものでちがう。気体中より固体中のほうが速い。

げんの条件と音の変化

モノコードなどのげんをはじくと、音が出ます。げんの条件を変えると、音が変わります。

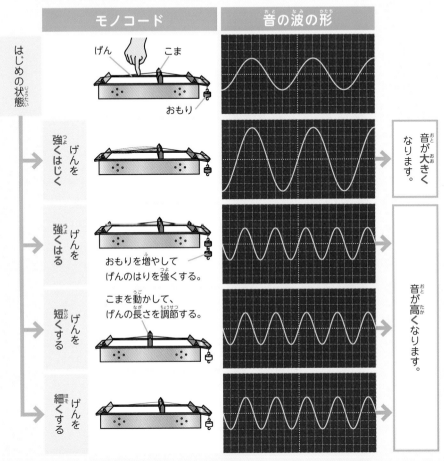

	モノコード	音の波の形	
はじめの状態	げん　こま／おもり		
げんを強くはじく			音が大きくなります。
げんを強くはる	おもりを増やして、げんのはりを強くする。		音が高くなります。
げんを短くする	こまを動かして、げんの長さを調節する。		
げんを細くする			

まとめ

・音のしん動は波の形で表すことができる。
・音が大きくなるとしんぷくが大きくなり、音が高くなるとしん動数が多くなる。
・モノコードのげんのはり方を変えると、音が変わる。

げんのはり方と音の高さ

	高い音	低い音
げんをはる強さ	強い	弱い
げんの長さ	短い	長い
げんの太さ	細い	太い

クイズ42　かみなりはどうして大きな音がするの？

1 鏡で太陽の光を反射させて、かべにあてました。次の問題に答えましょう。

(1) **ア・イ・ウ**のうち、一番明るいものはどれでしょうか。（　）に書きましょう。

（　　　　　）

(2) **ア・イ・ウ**のうち、一番あたたかいものはどれでしょうか。（　）に書きましょう。

（　　　　　）

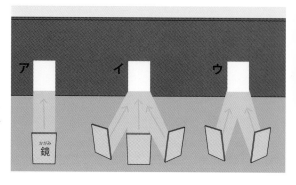

2 虫めがねを使って、下の図のように黒い紙に日光を集める実験をしました。次の問題に答えましょう。

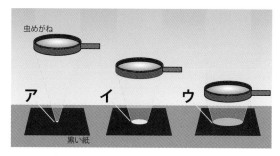

(1) **ア・イ・ウ**のうち、一番明るいものはどれでしょうか。（　）に書きましょう。

（　　　　　）

(2) **ア・イ・ウ**のうち、一番暗いものはどれでしょうか。（　）に書きましょう。

（　　　　　）

(3) **ア・イ・ウ**のうち、ひとつだけ、紙がこげてしまいました。それはどれでしょうか。（　）に書きましょう。

（　　　　　）

3 下の図のように鏡に光を当てました。次の問題に答えましょう。

鏡に反射した光はどのように進むでしょうか。右の図に光の道筋をかきこみましょう。

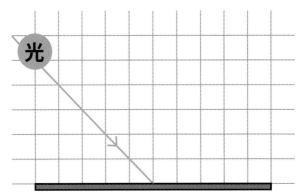

4 トライアングルをたたくと、トライアングルがふるえて音が出ました。次の問題に答えましょう。

(1)音が出ているとき、トライアングルを指でつまむと音はどうなるでしょうか。（　）に書きましょう。

（　　　　　　　　　　　　）

(2)トライアングルを強くたたくと、トライアングルのふるえ方と音はそれぞれどうなるでしょうか。（　）に書きましょう。

ふるえ方（　　　　　　　　　　　　　　　　　）

音（　　　　　　　　　　　　　　　　　）

(3)(2)の結果を見て、音ともののふるえ方について、どのようなことがわかるでしょうか。

（　　　　　　　　　　　　　　　　　　　　　　）

5 かみなりが光ってから音が聞こえるまで、7秒かかりました。このとき、雷が発生した場所までのきょりは何mでしょうか。（　）に書きましょう。音が1秒間にすすむきょりは340mとします。

式（　　　　　　　　　　　　　　　　　　　　）

答え（　　　　　　）m

答えは216〜217ページにのっています。

巨大な鏡で宇宙を観測!!

日本の国立天文台がアメリカ合衆国のハワイ島につくったすばる望遠鏡は、直径8.2mの巨大な鏡をもつ、世界最大級の反射望遠鏡だよ。

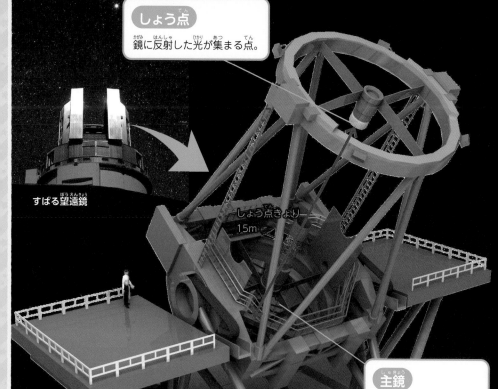

しょう点
鏡に反射した光が集まる点。

すばる望遠鏡

しょう点きょり
15m

主鏡
星の光を集める。

鏡は学校の教室くらいの大きさ!

反射望遠鏡って？

反射望遠鏡とは、レンズの代わりに鏡で光を集める望遠鏡のことだよ。
レンズを使って光を集める望遠鏡は、くっ折望遠鏡というよ。

反射望遠鏡のしくみ

光の道筋　　※小型のものの場合

鏡

レンズ

鏡で星の光を反射させて、集める。

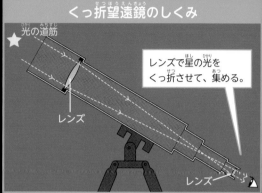

くっ折望遠鏡のしくみ

光の道筋

レンズで星の光を
くっ折させて、集める。

レンズ

レンズ

反射望遠鏡は、光を反射させることで望遠鏡の長さを短くできる上に
重いレンズを使わないので、大型の望遠鏡をつくりやすいんだ。

望遠鏡が大きいと、何がいいの？

光を集める鏡の広さが大きいと、それだけたくさんの光を集めることができるよ。たくさん
の光を集めることで、宇宙のはるかかなたにある暗い星も、観察することができるんだ。

鏡で反射させた
光を集めると、
集めたところが
明るくなるのと
同じだね！
（→105ページ）

すばるが観測したうずまき銀河

光の速さで2250万年もかかるきょりにある銀河（星の集まり）。すばるの
観測によって、銀河の外側で、たくさんの星が生まれていることがわかった。

遊園地についたー！

ワタシも本当に一緒にいいの？

もちろん！チケット3枚あるんだ

あ！

ぬいぐるみはチケット不要ですよ！

どうぞ！

よかった

じつは遊園地には見えないパワーがたくさん使われてるんだよ

そうなんだ！

楽しみ～！

あっ！　ボート
乗（の）ってみたい！

わたしエネちゃんの
となり～！

ひょい

ぐらっ

おっとっと

3人（にん）で乗（の）るときは
前後均等（ぜんごきんとう）に乗（の）らないと
かたむいちゃうよ

つり合（あ）いが
大切（たいせつ）なんだね

びっくりした～

ごめんね

よーし！
こぐぞ！

お—

うっ…！

ギッ

これは
たいへんだ…！

おっとストップ！

129

ここじゃ
なくて

オールの先の方を
持ってごらん

ええ？　だってそれじゃ
遠すぎて力が弱く…

あれ？

すごい！
さっきより楽だ！

へ〜ふしぎ！

どやあ

あっ見て見て！
カモだ！

水の中には
コイもいるよ！

どうして
カモもボートも
水に浮いて
いられるん
だろう？

ぼくカナヅチだから
沈んじゃうのに…

やっぱり
重さかなあ？

でもコイって
そうたより軽いのに
浮いてないよ

オッケー！
浮くものと浮かないものの
ちがいを見てみよう！
あと、どうしてオールが
楽に動いたのかも説明するね！

ぷか～～

てこのつり合いとてんびん

シーソーで遊んでいるとき、向かい合った相手の重さを
あまり感じないのは、なぜかな。てことてんびんのしくみを見てみよう。

てことてんびん

シーソーのように、棒を1点で支えて、ものを支え
たり動かしたりするしくみをてこといいます。

おもり

この場合は、シーソー
に乗っている人。

支点

てこを支える点。

支点からのきょりが等しいとき

おもりの重さが**重いほう**にかたむきます。

重い　軽い

おもりの重さが等しいと、**つり合い**ます。

同じ重さ

てこの支点から同じきょりにおもりをのせると、**おもりの重さ**を
比べることができます。このようなしくみを**てんびん**といいます。

てんびん

クイズ42の答え　電気で高温になった空気がふくらみ、まわりの空気をふるわせるから。

体が大きくて重い、お姉ちゃんが乗っているほうが下がっているね。

おもりの重さが等しいとき

支点までのきょりが**長いほう**にかたむきます。

長い
短い

支点までのきょりが等しいと、**つり合い**ます。

同じきょり

てんびんごっこ

パパ、てんびんごっこしよ！

てんびん？

そういうことか！

えいっ！ぴょん！

よっ！

ぐいっ

お兄ちゃんはやっぱり重いなー

それでは…

ママがつり合いをとりましょう…

ムリムリムリ！！

ウッフッフッ

ママ来てー

4章 力のつり合い

上皿てんびん

上皿てんびんを使うと、ものの重さをはかったり、決まった重さのものをはかり取ったりすることができます。

上皿てんびんは、てんびんのつり合いを利用した道具だよ。

上皿てんびんの使い方

・上皿てんびんを運ぶときや片付けるときは、皿を片方に重ねておきます。
・上皿てんびんは両手で持って運びます。
・上皿てんびんは、水平な場所に置きます。

上皿てんびんのつり合い

針のふれを見て、左右がつり合っているかを確かめます。つり合っていないときは、調節ねじ（調整ねじ）を回してつり合わせます。

針が止まっていなくても、左右均等にふれているときは、つり合っています。

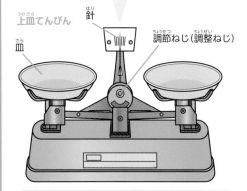

上皿てんびん　針　調節ねじ（調整ねじ）
皿

分銅

重さは分銅を使ってはかります。分銅にはいろいろな重さがあり、組み合わせて使います。

分銅

分銅の持ち方

大きい分銅

小さい分銅

注意！ 分銅は、手で持つとさびたりよごれたりして重さが変わってしまうので、必ず**ピンセット**で持つこと。

薬包紙

薬品や、皿がよごれるものをはかるときは、左右の皿に薬包紙をのせます。

薬包紙

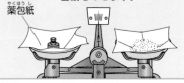

分銅をのせる皿にも薬包紙をのせないと、薬包紙の分だけ重さが変わってしまう！

クイズ43の答え ③ 7000年以上前に、エジプトですでに使われていた。

上皿てんびんは、ものの重さをはかるときと、決まった重さの食塩などをはかり取るときで、使い方がちがうんだ。

※しょうかいしている方法は、右ききの場合です。左ききの場合は、左右の皿にのせるものが反対になります。

ものの重さをはかる方法

1 左の皿にはかりたいものを、右の皿に分銅をのせます。

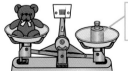

分銅は重いものからのせる。

2 分銅が重すぎて右の皿が下がったときは、次に重い分銅に変えます。

おろす
のせる

3 分銅の方が軽くなり、左の皿が下がったら、分銅を加えてつり合わせます。

のせる

4 つり合ったときの分銅の重さの合計が、ものの重さになります。

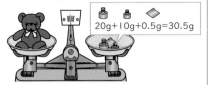

20g＋10g＋0.5g＝30.5g

決まった重さのものをはかり取る方法

1 左右の皿に薬包紙をのせ、つり合わせます。

2 左の皿にはかり取りたいものの重さの分銅をのせます。

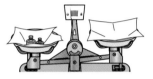

3 右の皿に、はかり取りたいものをのせてつり合わせます。

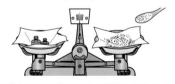

皿にのせたりおろしたりするものを、きき手の側（右ききなら右側）にのせるんだね！

・棒を１点で支えて、ものを支えたり動かしたりするしくみをてこという。
・てこを利用すると、ものの重さを比べたり、はかったりすることができる。

クイズ44 上皿てんびんの分銅は、何でできていることが多い？

てこを回すはたらき

おもりの重さや支点からのきょりがちがうとき、てこをつり合わせるには
どうすればいいのかな。おもりがてこを回すはたらきについて見ていこう。

てこを回すはたらき

てこにおもりをつるすと、おもりがてこのうでを回すようにはたらきます。
このようなはたらきを、てこを回すはたらき（てこをかたむけるはたらき）といいます。

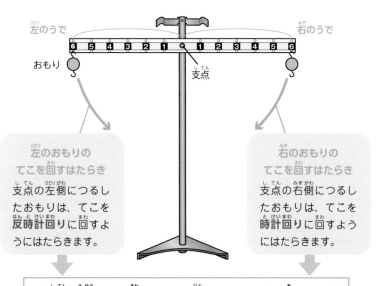

てこを回すはたらきと向き

実験用てこを使って、支点から左右同じきょりに、同じ重さのおもりを1つずつ
つるしてつり合わせました。

左のうで　　　　　　　　　　　　　　　　　　　右のうで

6 5 4 3 2 1　1 2 3 4 5 6

おもり　　　　　　　　　支点

**左のおもりの
てこを回すはたらき**
支点の左側につるし
たおもりは、てこを
反時計回りに回すよ
うにはたらきます。

**右のおもりの
てこを回すはたらき**
支点の右側につるし
たおもりは、てこを
時計回りに回すよう
にはたらきます。

支点の左右のてこを回すはたらきが等しいと、てこはつり合います。

てんびんがつり合うのは、左右のてこを
回すはたらきが等しいからなんだね！

クイズ44の答え　さびにくい金属のステンレス。

確認しよう

実験用てこ

左右のうでの長さが等しく、おもりをつるさないときは水平になっています。

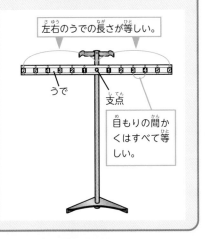

左右のうでの長さが等しい。

うで

支点

目もりの間かくはすべて等しい。

まめちしき

力の大きさとおもりの重さ

てこにおもりをつるすかわりに、手でおしてつり合わせることもできるよ。おもりの重さと力の大きさは、たがいにおきかえることができるんだ。

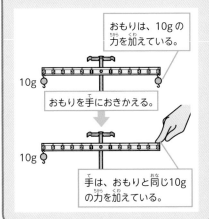

おもりは、10gの力を加えている。

10g

おもりを手におきかえる。

10g

手は、おもりと同じ10gの力を加えている。

分銅

天秤に乗せる分銅

日本で最も古いものはなんと2400年前に作られたらしい…つまり、お宝！

パッと見、ただの石だなあ…

ってことは…

また変なもの拾ってきて!!

捨ててきなさい！

この中にお宝がまぎれているかも！

てこを回すはたらきの大きさ

てこを回すはたらきの大きさは、次の式で表すことができます。

> おもりの重さ（力の大きさ）　×　支点からのきょり　＝　てこを回すはたらき

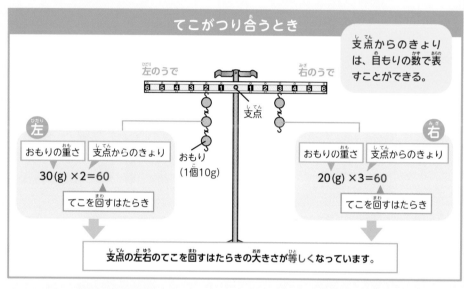

てこがつり合うとき

支点からのきょりは、目もりの数で表すことができる。

左

おもりの重さ	支点からのきょり

$30 (g) \times 2 = 60$

てこを回すはたらき

右

おもりの重さ	支点からのきょり

$20 (g) \times 3 = 60$

てこを回すはたらき

支点の左右のてこを回すはたらきの大きさが等しくなっています。

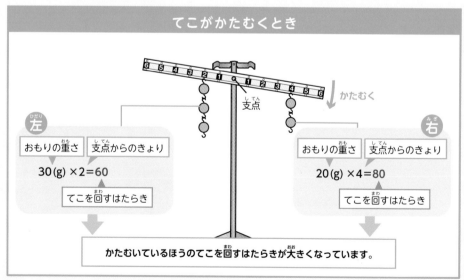

てこがかたむくとき

かたむく

左

おもりの重さ	支点からのきょり

$30 (g) \times 2 = 60$

てこを回すはたらき

右

おもりの重さ	支点からのきょり

$20 (g) \times 4 = 80$

てこを回すはたらき

かたむいているほうのてこを回すはたらきが大きくなっています。

クイズ45の答え　0.1、0.2※、0.5、1、2※、5、10※、20、50g の9種類。（※は2個ずつ）

支点の片側におもりを何か所もつるしたときのつり合いを考えてみよう。

支点の片側に2か所以上おもりをつるしたときは、それぞれのおもりのてこを回すはたらきの和が、おもり全体のてこを回すはたらきになります。

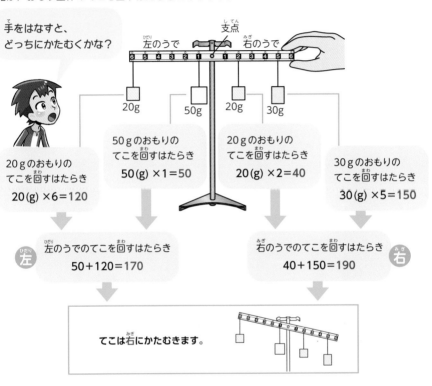

手をはなすと、
どっちにかたむくかな？

支点

左のうで　　　　右のうで

20g　　50g　　20g　　30g

50gのおもりの
てこを回すはたらき
50(g)×1=50

20gのおもりの
てこを回すはたらき
20(g)×2=40

20gのおもりの
てこを回すはたらき
20(g)×6=120

30gのおもりの
てこを回すはたらき
30(g)×5=150

左　左のうでのてこを回すはたらき
50+120=170

右のうでのてこを回すはたらき
40+150=190　右

てこは右にかたむきます。

まとめ

てこを回すはたらきの大きさ

> おもりの重さ（力の大きさ） × 支点からのきょり ＝ てこを回すはたらき

・支点の左右のてこを回すはたらきが等しいとき、てこはつり合う。
・支点の左右のてこを回すはたらきがちがうときは、てこはてこを回すはたらきが大きいほうにかたむく。

支点・力点・作用点とてこの道具

てこは、身のまわりのさまざまなところで活躍しているよ。
てこを使い、小さい力でものを動かすにはどうすればいいかを考えよう。

てこの支点・力点・作用点

てこを使うと、小さい力でものを動かすことができます。てこを支える点を支点、
てこに力を加える点を力点、てこに加えた力がはたらく点を作用点といいます。

そのまま持ち上げると
とても重いけど…

作用点
てこに加えた力が
はたらく点

支点
てこを支える点

まめちしき

てこで地球を動かす！？
約2200年前のギリシャの科学者アルキメデス
は、「私に支点をあたえよ。そうすれば地球を
動かしてみせよう。」と言ったとされるよ。アル
キメデスは、てこを使うと小さな力でものを動
かすことができることを知っていたんだ。

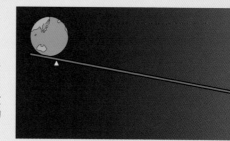

クイズ46の答え はかれる。支点からのきょりを等しくするしくみがあるのでだいじょうぶ。

てこの原理

てこの原理を使えば

どんなに重い岩でも持ち上げることができる

てこ

先生！じゃああの岩も？

もちろん！

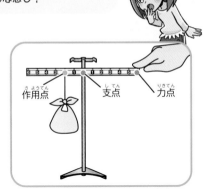

実験用てこにおきかえると、こんな感じ？

作用点　支点　力点

支点さえあればなんだって…

てこを使うと、簡単に持ち上げることができる！

力点
てこに力を加える点

コレ、板に乗せるの手伝ってくれ!!

てこを動かせばいいのでは!?

てこを動かせば…

先生あきらめて！

ただし、本当に動かすには、宇宙のかなたまでのびた長〜い棒が必要だよ！

アルキメデス

支点と力点のきょりと力の大きさ

支点と力点のきょりが長いほうが、小さい力でものを動かすことができます。

支点と力点のきょりが短い

重い〜

作用点　支点

短い　力点

手ごたえが大きい。

支点と力点のきょりが長い

軽い♪

作用点　支点

長い　力点

手ごたえが小さい。

支点と力点のきょりが長いほうが、力点に加える力が小さくなります。

てこを回すはたらきが同じときは、支点から遠いほど、力は小さくなるね。

支点から近いとき

大きな力が必要。

支点から遠いとき

小さな力でつり合う。

支点と作用点のきょりと力の大きさ

支点と作用点のきょりが短いほうが、小さい力でものを動かすことができます。

支点と作用点のきょりが短い

軽い♪

短い

作用点　支点

力点

手ごたえが小さい。

支点と作用点のきょりが長い

重い〜

作用点　長い　支点

力点

手ごたえが大きい。

支点と作用点のきょりが短いほうが、力点に加える力が小さくなります。

支点から遠いおもりとつり合わせるには、大きな力が必要なんだね。

作用点から近いとき

おもり　小さな力でつり合う。

作用点から遠いとき

大きな力が必要。

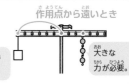

クイズ47の答え　支点に近づいて、てこを回すはたらきを小さくするとつり合う。

てこを利用した道具

てこは、身近な道具に利用されています。

加えた力が大きくなるてこ

支点と力点のきょりが、支点と作用点のきょりより長いてこは、加えた力が大きくなります。

力点と作用点の間に支点があるてこ

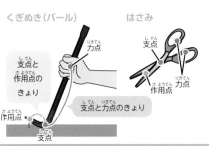

支点と力点の間に作用点があるてこ

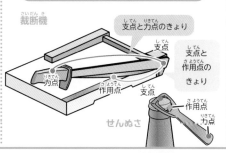

加えた力が小さくなるてこ

支点と力点のきょりが、支点と作用点のきょりより短いてこは、加えた力が小さくなります。

支点と作用点の間に力点があるてこ

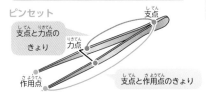

加えた力が小さくなるてこは、
やわらかいものをつまんだり、
細かい作業をするのに向いているよ。

まとめ

・てこの支点から力点までのきょりを長くしたり、支点から作用点までのきょりを短くしたりすると、力点に加えた力が大きくなり、小さい力でものを動かすことができる。

棒の重さを考えるてこのつり合い

太さが場所によってちがう棒や、棒の中心以外の場所を支点にすると、てこのつり合いはどうなるかな。棒の重さもふくめたつり合いを考えよう。

棒の重心

棒を重心でつるすと、水平につり合い、重心以外の場所でつるすと、重心のあるほうにかたむきます。

バットの中心をひもでつるす

太いほうが下がるようにかたむいて、回ります。

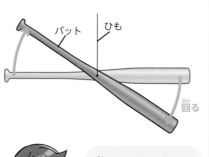

バット ひも

回る

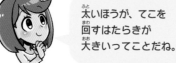

太いほうが、てこを回すはたらきが大きいってことだね。

つるす位置を太いほうに動かす

水平につり合います。

動かす →

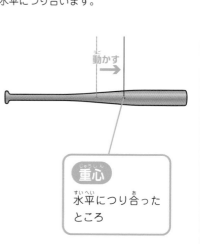

重心

水平につり合ったところ

確認しよう

重心

ものをひもなどでつるしたとき、水平につり合う点を重心といいます。ものの重さは、すべて重心にかかっていると考えることができます。

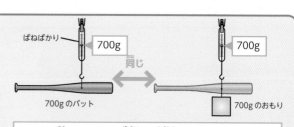

ばねばかり 700g 700g

同じ

700gのバット 700gのおもり

バットの重さが700gの場合は、重心に700gのおもりをつるしているのと同じだと考えることができます。

クイズ48の答え 根元。支点に近く、大きな力がはたらくので切りやすい。

バットのような、太さが場所によってちがう棒をつり合わせるにはどうすればいいのかな？

支点の左右におもりをつるす

重心を支点にして、支点の左右等しいきょりに、同じ重さのおもりをつるすと、水平につり合います。

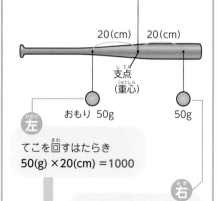

20(cm)　20(cm)

支点（重心）

おもり 50g　　　50g

左

てこを回すはたらき
50(g) ×20(cm) ＝1000

右

てこを回すはたらき
50(g) ×20(cm) ＝1000

支点の左右のてこを回すはたらきが等しいので、つり合います。

太さが場所によってちがう（一様でない）棒でも、てこのきまりがあてはまります。

新しい方法

わー‼

水平になった！浮かんでるみたーい！

フフン

重心を使う方法はもう古い！

なによ、じゃあどうやるのよー

まあついて来なよ

マジック教室

ぼくじゃなくてバットを浮かせて〜

スゴーイ‼

浮いてる〜

クイズ49 長い棒の重心を道具を使わずに調べる方法は？

棒の重さを考えたてこのつり合い

棒を重心以外の場所でつるしたてこでは、棒の重さもふくめたつり合いを考えます。

棒におもりを1個だけつるした、てこのつり合いを例に考えてみよう！

棒を重心以外の場所でつるす

棒の重心があるほうにかたむきます。

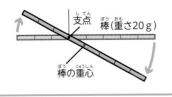

支点
棒（重さ20g）
棒の重心

棒とおもりのつり合いを考えるのね！

おもりを1個つるしてつり合わせる

支点をはさんで重心と反対側におもりをつるすと、てこをつり合わせることができます。

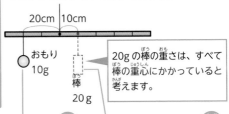

20cm　10cm
おもり10g
棒20g

20gの棒の重さは、すべて棒の重心にかかっていると考えます。

左
おもりがてこを回すはたらき
10(g)×20(cm)＝200

右
棒がてこを回すはたらき
20(g)×10(cm)＝200

支点の左右のてこを回すはたらきが等しいのでつり合う。

やってみよう！

アのおもりを何gにすればつり合うかを考えよう。

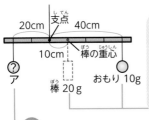

20cm　支点　40cm
10cm　棒の重心
？
ア
棒20g
おもり10g

右
棒がてこを回すはたらき
20(g)×10(cm)＝200

おもりがてこを回すはたらき
10(g)×40(cm)＝400

支点の右側のてこを回すはたらき
200+400＝600

左
支点の左右のてこを回すはたらきは等しいので、支点の左側のてこを回すはたらきは600。
アのおもりの重さは…　600÷20(cm)＝30(g)

クイズ49の答え　左右の人差し指に棒をのせて指を近づけ、指が合った場所が重心。

さおばかり

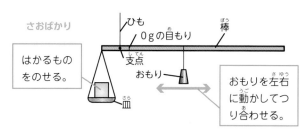

棒におもり（分銅）を1つつるし、おもりを動かすことで重さをはかることができる道具をさおばかりといいます。

ひも
0gの目もり
棒
はかるものをのせる。
支点
おもり
皿
おもりを左右に動かしてつり合わせる。

皿に何ものせていないときのつり合い

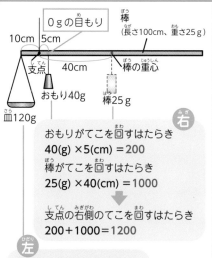

0gの目もり
棒（長さ100cm、重さ25g）
10cm 5cm
支点
40cm
棒の重心
おもり40g
棒25g
皿120g

右
おもりがてこを回すはたらき
40(g) ×5(cm) =200
棒がてこを回すはたらき
25(g) ×40(cm) =1000

⬇

支点の右側のてこを回すはたらき
200+1000=1200

左
皿がてこを回すはたらき
120(g) ×10(cm) =1200

おもりを15cm動かしてつり合ったときのものの重さ

0gの目もり
10cm 5cm
支点 15cm
動かす

右
おもりを15cm支点から遠ざけると、てこを回すはたらきは
40(g) ×15(cm) =600
大きくなる。

左
支点の左右のてこを回すはたらきは等しいので、皿にのせたものがてこを回すはたらきは、600。
ものの重さは 600÷10(cm) =60(g)

まとめ

・ものの重さは、すべて重心にかかっていると考えることができる。
・棒の重さをふくめたてこのつり合いを考えるときは、棒の重心に棒の重さと同じ重さのおもりがあると考えて計算する。

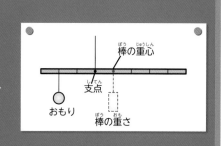

棒の重心
支点
おもり
棒の重さ

てこの組み合わせ

てこは、モビールのように何段も組み合わせてつり合わせることもできるよ。
組み合わさったてこのつり合いは、どのように考えればいいのかな。

2つのてこの組み合わせ

てこは、2つ以上組み合わせることができます。

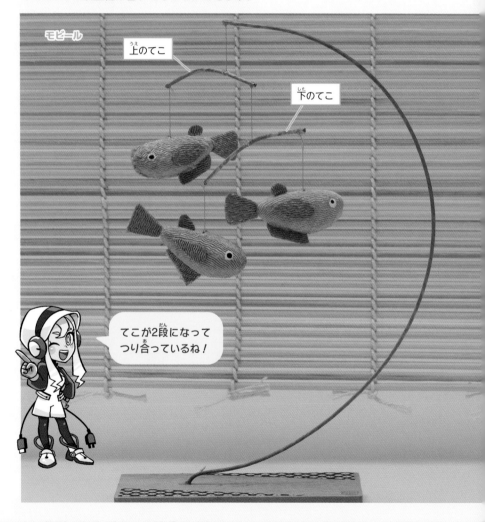

モビール

上のてこ

下のてこ

てこが2段になって
つり合っているね！

クイズ50の答え　①　簡単なしくみなので、昔の人は持ち運んで使っていた。

発明品

組み合わせたてこのつり合い

2つ以上のてこが組み合わさっているときは、下にあるてこから順につり合いを考えていきます。

2　上のてこのつり合い

※棒とひもの重さは考えません。

アが支える下のてこの重さは、おもりＡとおもりＢを合わせた重さなので

20(g)＋20(g)＝40(g)

アのてこを回すはたらきは

40(g)×10(cm)＝400

↓

きょりＸは、

400÷20(g)＝20(cm)

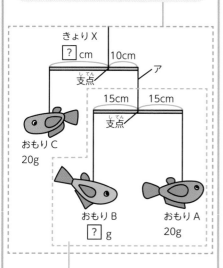

きょりＸ

⬜ cm　10cm

支点　ア

15cm　15cm

支点

おもりＣ
20g

おもりＢ
⬜ g

おもりＡ
20g

1　下のてこのつり合い

おもりＡとＢは支点から同じきょりにあるので、おもりＢの重さはおもりＡと同じ 20g。

クイズ51　てこが組み合わさっている道具は？　①せんたくばさみ　②つめ切り

149

4章 力のつり合い

てこにはたらく2つのつり合い

てこには、てこを回すはたらきのつり合いのほかに、上下の力のつり合いがあります。
※棒とひもの重さは考えません。

例
右のてこのつり合いを考える。

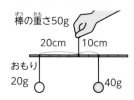
棒の重さ50g
20cm 10cm
おもり
20g 40g

てこを回すはたらきのつり合い

てこを時計回りに回すはたらきと、反時計回りに回すはたらきは等しい。

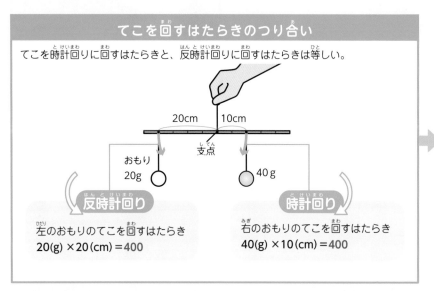

20cm 10cm
支点
おもり
20g 40g

反時計回り
時計回り

左のおもりのてこを回すはたらき
$20(g) \times 20(cm) = 400$

右のおもりのてこを回すはたらき
$40(g) \times 10(cm) = 400$

上下の力のつり合い

上向きの力と下向きの力は等しい。

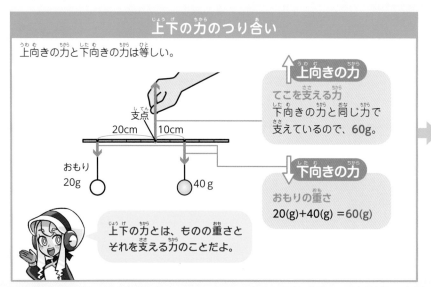

支点
20cm 10cm
おもり
20g 40g

上向きの力
てこを支える力
下向きの力と同じ力で支えているので、60g。

下向きの力
おもりの重さ
$20(g) + 40(g) = 60(g)$

上下の力とは、ものの重さとそれを支える力のことだよ。

てこがつり合って動かないときは、てこを回すはたらきと、上下の力の両方がつり合っています。

クイズ51の答え ② レバーの部分とつめを切る刃の部分の2つのてこがある。

支点がはしにあるてこ

支点がはしにあるてこでは、てこを回すはたらきと上下の力のつり合いを合わせて考えます。
※棒とひもの重さは考えません。

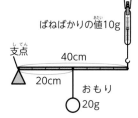

例 右のてこの支点がてこを支える力を考える。

ばねばかりの値10g
支点 40cm
20cm
おもり 20g

てこを回すはたらきのつり合い

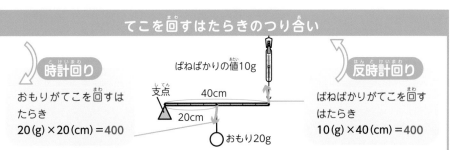

時計回り

おもりがてこを回すはたらき
20(g)×20(cm)＝400

ばねばかりの値10g
支点 40cm
20cm
おもり20g

反時計回り

ばねばかりがてこを回すはたらき
10(g)×40(cm)＝400

上下の力のつり合い

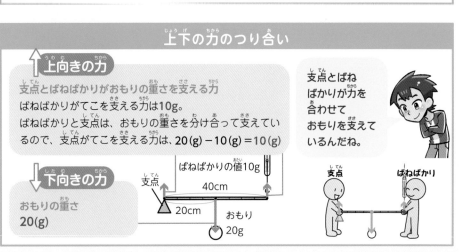

上向きの力

支点とばねばかりがおもりの重さを支える力
ばねばかりがてこを支える力は10g。
ばねばかりと支点は、おもりの重さを分け合って支えているので、支点がてこを支える力は、20(g)－10(g)＝10(g)

下向きの力

おもりの重さ
20(g)

ばねばかりの値10g
支点 40cm
20cm
おもり 20g

支点とばねばかりが力を合わせておもりを支えているんだね。

支点　　　　ばねばかり

まとめ

・複数のてこが組み合わさっているときは、下のてこから順につり合いを考える。
・てこには、てこを回すはたらきのつり合いと上下の力のつり合いがある。
・てこがつり合って動かないときは、てこを回すはたらきと上下の力の両方がつり合っている。

クイズ52 「てこでも動かない」という慣用句の意味は？

定かっ車と動かっ車

クレーンは、定かっ車と動かっ車を組み合わせて重いものを持ち上げているよ。
かっ車とは、どんなはたらきをするものなのかな。

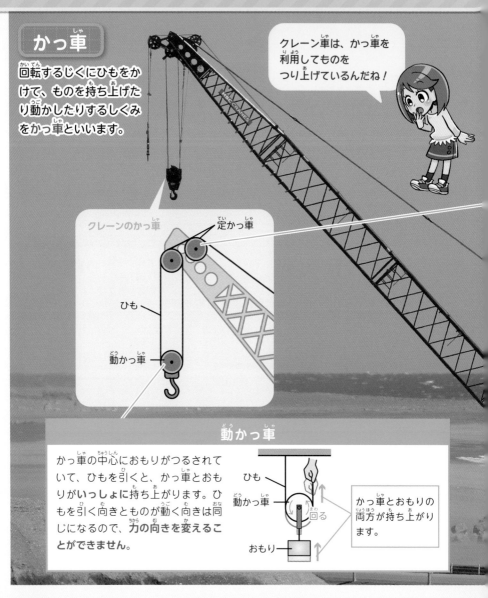

かっ車

回転するじくにひもをかけて、ものを持ち上げたり動かしたりするしくみをかっ車といいます。

クレーン車は、かっ車を利用してものをつり上げているんだね！

クレーンのかっ車

定かっ車

ひも

動かっ車

動かっ車

かっ車の中心におもりがつるされていて、ひもを引くと、かっ車とおもりがいっしょに持ち上がります。ひもを引く向きとものが動く向きは同じになるので、力の向きを変えることができません。

ひも

動かっ車

回る

おもり

かっ車とおもりの両方が持ち上がります。

クイズ52の答え どんな手段を使っても動かない。また、言うことを聞かない。

作戦

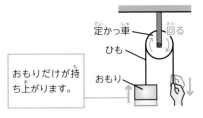

定かっ車

かっ車が天井などに固定されていて、ひもを引くと、かっ車は動かず、**おもりだけが持ち上がります**。ものを持ち上げる向きとひもを引く向きを変えることができるので、**力の向きを変えることができます**。

定かっ車　回る

ひも

おもり

おもりだけが持ち上がります。

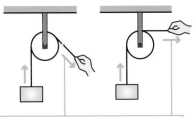

ひもを引く向きを変えることができます。

明日、健康診断なのに…
太っちゃったな～

ハハ…

パパ！

いい作戦があるよ

フフフ…

作戦…？

パパが体重計に乗るときにぼくがかげからかっ車で持ち上げるんだ

僕

やせましたねー

飲むな飲むな

名案にカンパ～イ!!

どこが名案なの

ヒュー！

定かっ車と力の大きさ・おもりが動くきょり

定かっ車のひもを引く力は、おもりの重さと同じになります。
ひもを引くきょりは、おもりが動くきょりと同じになります。

ひもを引く力

ひもを引く力は、てこと同じように考えます。

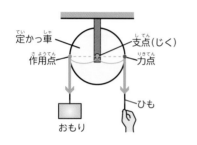

支点から力点、作用点までのきょりが等しいので、ひもを引く力は**おもりの重さと等しく**なります。

ひもを引くきょり

ひもを引くきょりは、かっ車が回る角度に注目して考えます。

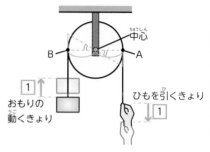

中心からA、Bまでのきょりと、回る角度が等しいので、ひもを引くきょりは、**おもりの動くきょりと等しく**なります。

定かっ車を使っても、力の大きさやひもを引くきょりは変わりません。

まめちしき

ばねばかりを定かっ車につなぐと…

ばねばかりは力の大きさを示す。ばねばかりが示す値とおもりの重さは等しい。

ひもを引く向きを変えても、ばねばかりが示す値は変わらない。

クイズ53の答え　②　かっ車を利用して、はしごをのばしたり縮めたりする。

動かっ車と力の大きさ・おもりが動くきょり

動かっ車のひもを引く力は、おもりの重さの半分 ($\frac{1}{2}$)になります。
ひもを引くきょりは、おもりが動くきょりの2倍になります。

ひもを引く力

ひもを引く力は、てこと同じように考えます。

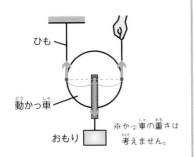

かっ車の左右のひもでおもりの重さを分け合ってささえているので、ひもを引く力は、おもりの重さの半分 ($\frac{1}{2}$)になります。

ひもを引くきょり

ひもを引くきょりは、かっ車が回る角度に注目して考えます。

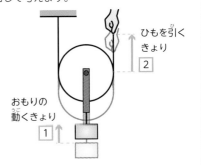

ひもを引くきょりは、おもりが動くきょりの2倍になります。

動かっ車を使うと、小さな力でものを持ち上げることができますが、ひもを引くきょりは長くなります。

小さい力でラクできそうだけど、かわりにひもを長く引かないといけないのね。

まとめ

	定かっ車	動かっ車
力の向き	変えることができる。	変えることができない。
ひもを引く力	変わらない。	半分 ($\frac{1}{2}$)になる。
ひもを引くきょり	変わらない。	2倍になる。

クイズ54 力を小さくして、ひもを引くきょりを短くする方法はある？

かっ車の組み合わせ

かっ車を組み合わせると、力の大きさや向きを自由に変えることができるよ。
このとき、ひもを引くきょりはどのように変化するのかな。

1本のひもでつないだかっ車 (1)

ひもでかっ車がつながれているとき、同じひもに加わる力とひもを引くきょりはどの場所でも等しくなります。

やってみよう！

右のようにして、動かっ車と定かっ車を1本のひもでつなぎました。このかっ車で10kgのおもりを1m持ち上げるには、ひもを何kgの力で何m引けばよいかを考えてみよう！
※かっ車の重さは考えません。

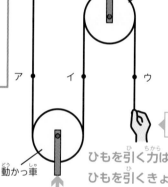

定かっ車
ア　　イ　　ウ
動かっ車
下に引く

ひもを引く力は？
ひもを引くきょりは？

クレーン

クレーンのような、動かっ車と定かっ車の組み合わせだね。

10kgのおもりを
1m持ち上げる。　おもり

ひもを引く力

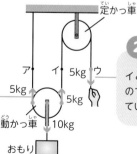

1 動かっ車を支える力を考える

アとイの2か所でおもりの重さをささえているので、イが支えている重さは

10(kg)÷2＝5(kg)

定かっ車
ア　イ　5kg　ウ
5kg
5kg
動かっ車　10kg
おもり

2 ひもを引く力を考える

イとウのひもはつながっているので、ウを引く力は、イが支えている重さと同じ5kg。

クイズ54の答え ない。加える力が小さくなるときは、必ずきょりが長くなる。

かっ車を使えば…

ぼくは40kgだから…

動かっ車ひとつで80kgのものが持ち上げられる

2倍！

80kg

こうすると…

4倍の160kg！

4倍

160kg

僕ってちから持ち！

ん？

オーイ

えー！自分の20倍の重さを運べるの!?

何も使わずちからも力持ち〜！

どや

ひもを引くきょり

① イを引くきょりを考える

おもりは動かっ車につるされているので、おもりを1m持ち上げるには、イのひもを2倍の2m引けばよい。

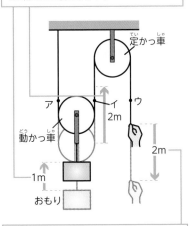

定かっ車

ア　イ　ウ
　　2m

動かっ車

2m

1m

おもり

② ウを引くきょりを考える

イとウのひもはつながっているので、イを2m持ち上げるためには，ウを2m引けばよい。

確認しよう

**ひもを引く力と
ひもを引くきょりの関係**

ひもを引く力が $\frac{1}{2}$ 倍（半分）になると、ひもを引くきょりは2倍に、ひもを引く力が $\frac{1}{3}$ 倍になると、ひもを引くきょりは3倍になります。

かっ車が組み合わされていても同じだよ。

クイズ55　力の大きさが変わらない定かっ車の便利な点は何？

1本のひもでつないだかっ車 (2)

やってみよう！

右のようにして、動かっ車と定かっ車を1本のひもでつなぎました。このかっ車で15kgのおもりを1m持ち上げるには、ひもを何kgの力で何m引けばよいかを考えてみよう！
※かっ車の重さは考えません。

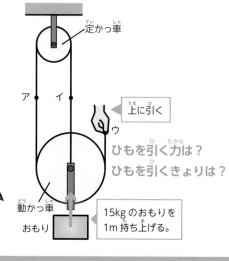

定かっ車

上に引く

ウ

ひもを引く力は？
ひもを引くきょりは？

動かっ車

おもり

15kgのおもりを1m持ち上げる。

1本のひもでつながっているから、どの場所にも同じ力が加わるんだよね。

ひもを引く力

ア、イ、ウの3か所でおもりの重さを支えているので、1か所あたりの支えている重さは

15(kg)÷3=**5(kg)**

ひもを引く力は5kg。

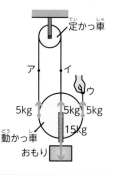

定かっ車

ア　イ

ウ

5kg　5kg　5kg

15kg

動かっ車

おもり

ひもを引くきょり

おもりを1m持ち上げるためには、ア、イ、ウの3か所すべてが1mずつ持ち上がらなくてはいけない。

ア〜ウのひもはつながっていて、ひもを引くことができるのはウの1か所だけなので、ウを引くきょりは、

1(m)×3=**3(m)**

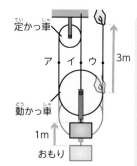

定かっ車

ア　イ　ウ

3m

動かっ車

1m

おもり

おもりをつるしている場所すべてが1mずつ持ち上がらないとダメなんだね。

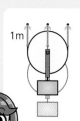

1m

ひもを引く力が $\frac{1}{3}$ になるので、ひもを引くきょりは3倍になると考える方法もあるね！

クイズ55の答え　体重をかけて引くなど、力を加えやすい向きに変えられること。

2本のひもでつないだかっ車

2本のひもでかっ車がつながれているときは、
それぞれのひもごとに、ひもを引く力を考えます。

おもりをつるしている
かっ車Aから順に
考えよう！

やってみよう！

右のようにして、動かっ車と定かっ車を2本のひもでつなぎました。このかっ車で20kgのおもりを1m持ち上げるには、ひもを何kgの力で何m引けばよいかを考えてみよう！※かっ車の重さは考えません。

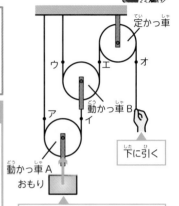

定かっ車

ウ　エ　オ

動かっ車B

ア　イ

下に引く

動かっ車A

おもり

20kgのおもりを1m持ち上げる。

ひもを引く力は？

ひもを引くきょりは？

ひもを引く力

1　イを引くきょりを考える

おもりは動かっ車につるされているので、おもりを1m持ち上げるには、イのひもを2倍の2m引けばよい。

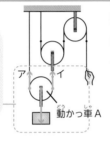

ア　イ

動かっ車A

2　動かっ車Bについて考える

ウとエの2か所でイ（動かっ車Aの重さ）をささえているので、エが支えている重さは

10(kg)÷2＝5(kg)

ひも（オ）を引く力は、5kg。

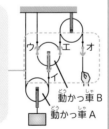

ウ　エ　オ

イ

動かっ車B

動かっ車A

ひもを引くきょり

ひもを引く力が $\frac{1}{4}$ になるので、ひもを引くきょりは4倍になる。

ひもを引くきょりは、

1(m)×4＝4(m)

まとめ

・かっ車がひもでつながれているとき、同じひもに加わる力とひもを引くきょりはどの場所でも等しくなる。

・ひもを引く力が $\frac{1}{2}$ 、 $\frac{1}{3}$ になると、ひもを引くきょりは2倍、3倍になる。

・2本以上のひもでかっ車がつながれているときは、それぞれのひもごとにひもに加わる力を考える。

輪じく

てこに似たしくみに、輪じくがあるよ。輪じくを使うと、小さな力を大きな力に変えて、ねじなどをしっかりしめることができるんだ。

輪じく

直径のちがういくつかの輪をひとつのじくに取りつけて回すしくみを輪じくといいます。輪じくを利用すると、てこのように力の大きさを変えることができます。

輪じくのしくみ

じく(支点)
輪
回る
ひも
おもり

ひもを引くと、2つの輪がいっしょに回り、おもりが持ち上がる。

定かっ車が2つくっついたような形ね。

身のまわりの輪じく

身のまわりには、ドライバーや自動車のハンドル、水道のじゃ口など、輪じくを利用した道具がいろいろあります。

ドライバー

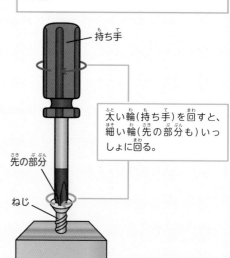

持ち手

太い輪(持ち手)を回すと、細い輪(先の部分も)いっしょに回る。

先の部分

ねじ

クイズ56の答え　動かっ車1つで $\frac{1}{2}$ になるので、$\frac{1}{2} \times \frac{1}{2} \times \frac{1}{2} = \frac{1}{8}$

どれも、外側にある大きな輪を回すしくみになっているね。

水道のじゃ口

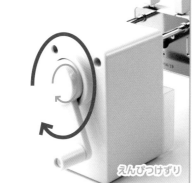
えんぴつけずり

自転車のペダル

輪じくは優秀

滑車とてこ

両方のはたらきをかねそなえた

輪じく!!

ぼくもいろいろとかねそなえた男になるぞ

あら！それなら…

優しさと勤勉さをかねそなえて今からお手伝いと宿題を…

そ…！

にげるな

輪じくにはたらく力と動くきょり

輪じくのつり合いは、てこと同じように、「おもりの重さ（力の大きさ）×支点からのきょり」をもとに考えることができます。

やってみよう！

右のような輪じくにおもりをつるして15cm持ち上げたときの、ひもを引く力とひもを引くきょりを考えてみよう！

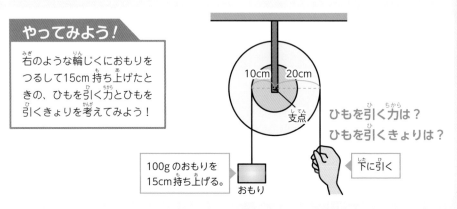

100gのおもりを15cm持ち上げる。

おもり

ひもを引く力は？
ひもを引くきょりは？

下に引く

ひもを引く力

ひもを引く力は、てこと同じように考えます。

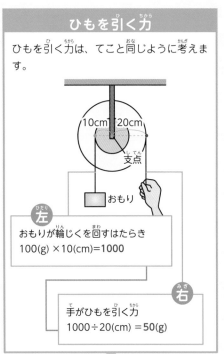

支点

おもり

左 おもりが輪じくを回すはたらき
100(g)×10(cm)=1000

右 手がひもを引く力
1000÷20(cm)=50(g)

ひもを引くきょり

ひもを引くきょりは、かっ車が回る角度に注目して考えます。

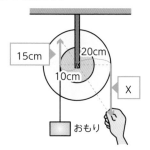

15cm　20cm
10cm
X

おもり

輪じくの半径は10cmと20cmなので、半径の比は、1：2
ひもを引くきょりXは、輪じくの半径の比になるので
1：2＝15(cm)：X(cm)
X＝**30(cm)**

ひもを引く力が $\frac{1}{2}$ になると、ひもを引くきょりは2倍になります。

クイズ57の答え ①取っ手を回すと中のじくが回り、留め具が引っこむ。

輪じくの輪が増えたときの力のつり合いについても考えてみよう！

これも、てこと同じように考えればいいのね！

右のような輪じくにおもりを3個つるしてつり合ったときの、おもりウの重さを考えてみよう！

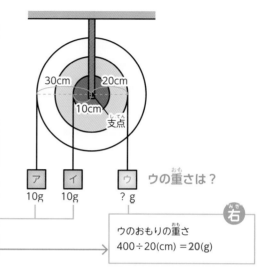

30cm　20cm

10cm

支点

ア　イ　ウ　　ウの重さは？

10g　10g　? g

左

アのおもりが輪じくを回すはたらき
10(g) ×30(cm) ＝300
イのおもりが輪じくを回すはたらき
10(g) ×10(cm) ＝100

支点の左側のてこを回すはたらき
300＋100＝400

右

ウのおもりの重さ
400÷20(cm) ＝20(g)

ドライバーにはたらく力

ドライバーは、持ち手に加えた力が大きくなって、先の部分にはたらくよ。だから、ねじをしっかりしめることができるんだね。

1kgの力で回したときの、先の部分にはたらく力は…

持ち手の半径：15mm　　先の部分の半径：3mm

手が持ち手を回すはたらき　　先の部分にはたらく力
1(kg) ×15(mm) ＝15　→　15÷3(mm) ＝5(kg)

まとめ

・輪じくを使うと、てこのように力の大きさを変えることができる。

・輪じくのつり合いは、てこと同じように「おもりの重さ（力の大きさ）×支点からのきょり」で考えることができる。

・ひもを引く力が $\frac{1}{2}$、$\frac{1}{3}$ になると、ひもを引くきょりは2倍、3倍になる。

クイズ58　自転車を小さい力でこげるのは、直径の大きいギア？小さいギア？

ばねののびとおもりの重さ

ばねを引っぱると、ばねがのびて長くなるね。ばねに加える力と、
ばねののびには、どのような関係があるのかな。

おもりの重さとばねののび

ばねにおもりをつるすと、ばねがのびます。ばねにつるすおもりの重さを重くすると、
ばねののびが大きくなります。

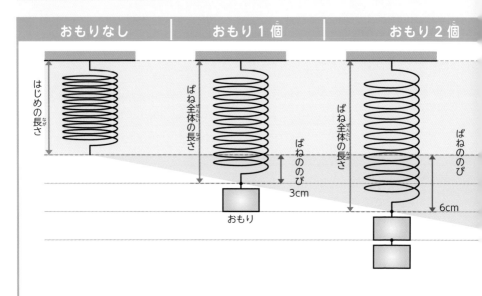

おもりなし	おもり1個	おもり2個

はじめの長さ

ばね全体の長さ

ばねののび
3cm

おもり

ばね全体の長さ

ばねののび
6cm

はじめの長さとばねの
のびを足すと、ばね全体
の長さになるよ！

おもりの重さとばねののび

おもりの重さが2倍、
3倍になると、ばねの
のびも2倍、3倍にな
ります。おもりの重さ
とばねののびは比例の
関係になっています。

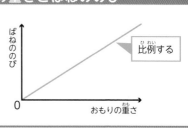

比例する

ばねののび

0   おもりの重さ

クイズ58の答え　支点からのきょりが長い大きいギアのほうが力が大きくはたらく。

ばねの工作

ばねをつかって工作するぞ！

ばねを大きくのばすには、強い力が必要なんだね！

ロボット

びょん
びょん

はねる
くつ

おもり3個

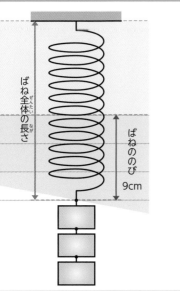

ばね全体の長さ

ばねののび
9cm

こんなのはどうじゃ？

ギャ——ッ‼

まめちしき

ばねばかり

ばねばかりは、おもりの重さに比例してばねがのびる性質を利用しているよ。

のびてしもうたか…
ばねだけに

キュ——

ホッ
ホッホッ

4章 力のつり合い

ばねを縦1列につないだとき

ばねを縦1列につないでおもりをつるすと、それぞれのばねにおもりの重さと等しい力が加わります。

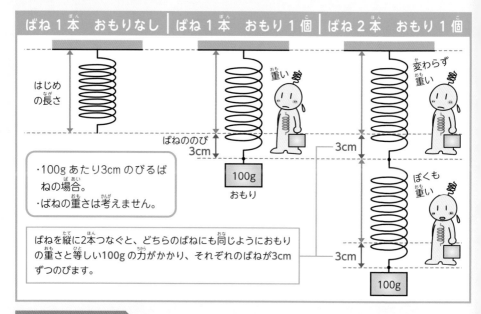

ばね1本 おもりなし	ばね1本 おもり1個	ばね2本 おもり1個

・100gあたり3cmのびるばねの場合。
・ばねの重さは考えません。

ばねを縦に2本つなぐと、どちらのばねにも同じようにおもりの重さと等しい100gの力がかかり、それぞれのばねが3cmずつのびます。

やってみよう！

はじめの長さが10cmで、100gあたり3cmのびるばねを縦に2本つなぎ、100gのおもりをつるすと、ばね全体の長さが何cmになるかを考えてみよう！

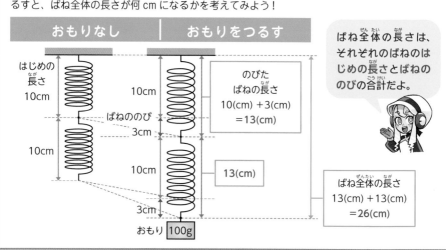

おもりなし	おもりをつるす

のびたばねの長さ
10(cm) + 3(cm)
= 13(cm)

13(cm)

ばね全体の長さは、それぞれのばねのはじめの長さとばねののびの合計だよ。

ばね全体の長さ
13(cm) + 13(cm)
= 26(cm)

166 クイズ59の答え　同じ重さのおもりをつるしたときのばねののびは半分になる。

ばねを横に並べてつないだとき

ばねを横に2本並べてつなぐと、それぞれのばねには、おもりの重さの $\frac{1}{2}$ の大きさの力が加わります。

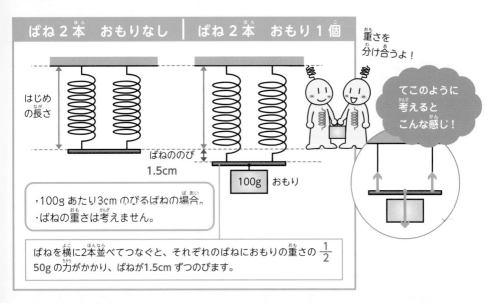

ばね2本　おもりなし	ばね2本　おもり1個

はじめの長さ

ばねののび
1.5cm

100g　おもり

・100g あたり3cm のびるばねの場合。
・ばねの重さは考えません。

ばねを横に2本並べてつなぐと、それぞれのばねにおもりの重さの $\frac{1}{2}$ の 50g の力がかかり、ばねが1.5cm ずつのびます。

重さを分け合うよ！

てこのように考えるとこんな感じ！

まめちしき

身近なばね

ばねは、ボールペンや公園の遊具、ベッドのマットレスなど身近なところで使われているよ。探してみよう！

ボールペン
ばね

公園の遊具
ばね

まとめ

・ばねののびは、ばねにつるしたおもりの重さに比例する。
・ばねを縦1列につないだときは、それぞれのばねにおもりの重さと等しい力が加わる。
・ばねを横に2本並べてつないだときは、それぞれのばねにおもりの重さの $\frac{1}{2}$ の大きさの力が加わる。

クイズ60　電池ケースのばねの入っている側には、かん電池の何極を入れる？

向きを変えたばね

ばねにつないだひもの向きを定かっ車で変えると、ばねに加わる力はどうなるかな。ばねの形をいろいろ変えたときの、ばねののびを考えてみよう。

向きを変えたばねののび

定かっ車を使ってばねの向きを変えても、ばねののびは変わりません。

横向きのばねにぶら下がったら何cmのびる？

1kg あたり1cm のびるばね

ひも

定かっ車でひもの向きを変える。

体重40kg

ばねの向きが変わると、ばねののび方も変わるのかな？

クイズ60の答え　一極。ばねには、かん電池をしっかりおさえる役割がある。

のびるもの

まっすぐな状態のばねののび

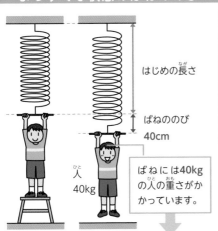

はじめの長さ

ばねののび
40cm

人
40kg

ばねには40kgの人の重さがかかっています。

ばねは1kgあたり1cmのびるので、40kgの重さがかかったときのばねののびは

$$40(kg) \times 1(cm) = 40(cm)$$

定かっ車で向きを変えたばねののび

定かっ車で力、向きを変えても、力の大きさは変わりません。

ばねに加わる力は40kgなので、ばねののびは40cmになります。

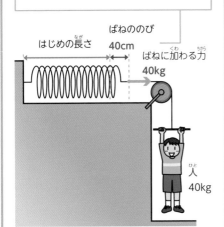

はじめの長さ

ばねののび
40cm

ばねに加わる力
40kg

人
40kg

ふー！ばねの勉強終わり！

おなか空いた～

ごはんできたわよ

え？お皿にばねが乗ってる！？

ぼく勉強のしすぎで目が変になったのか

びよよ～ん

やーね これフジッリっていうパスタよ

まだ机に向かって10分ぷんよ

ですよへ？～

いろいろなばねの支え方

ばねの向きを変えても、ばねを支える力と、ばねにかかる重さはつり合っています。

ばねの支え方をさまざまに変えると、ばねののびがどうなるかを見てみよう！

ばねが1本のとき

※1kg あたり1cm のびるばねの場合。
※ばねの重さは考えません。

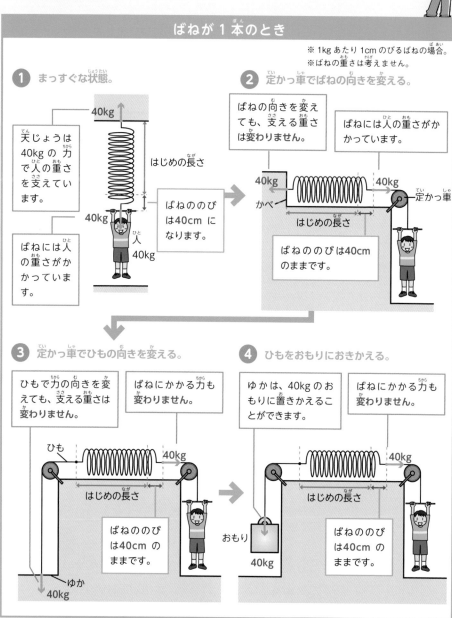

1 まっすぐな状態。

40kg

天じょうは40kg の力で人の重さを支えています。

ばねには人の重さがかかっています。

はじめの長さ

ばねののびは40cm になります。

40kg

人
40kg

2 定かっ車でばねの向きを変える。

ばねの向きを変えても、支える重さは変わりません。

ばねには人の重さがかかっています。

40kg　　40kg

かべ　　　定かっ車

はじめの長さ

ばねののびは40cm のままです。

3 定かっ車でひもの向きを変える。

ひもで力の向きを変えても、支える重さは変わりません。

ばねにかかる力も変わりません。

ひも　　　　　40kg

はじめの長さ

ばねののびは40cm のままです。

ゆか
40kg

4 ひもをおもりにおきかえる。

ゆかは、40kg のおもりに置きかえることができます。

ばねにかかる力も変わりません。

40kg

はじめの長さ

おもり

40kg

ばねののびは40cm のままです。

クイズ61の答え　②音を変えるときにおすピストンに使われている。

ばねを2本にしたとき

5 ③のひもをばねにおきかえる。

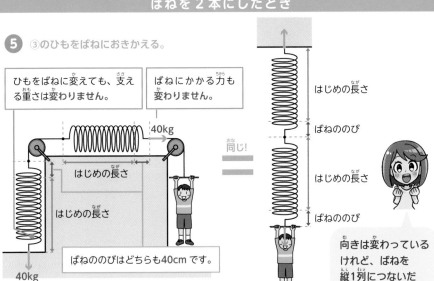

ひもをばねに変えても、支える重さは変わりません。

ばねにかかる力も変わりません。

40kg

はじめの長さ

はじめの長さ

40kg

ばねののびはどちらも40cmです。

同じ!

はじめの長さ

ばねののび

はじめの長さ

ばねののび

向きは変わっているけれど、ばねを縦1列につないだときと同じだね！

ばねの向きや支え方を変えても、①～⑤のばねに加わる力はすべて同じになるので、ばねののびもすべて同じになります。

まとめ

・定かっ車でばねの向きを変えても、ばねに加わる力は変わらないので、ばねののびは変わらない。

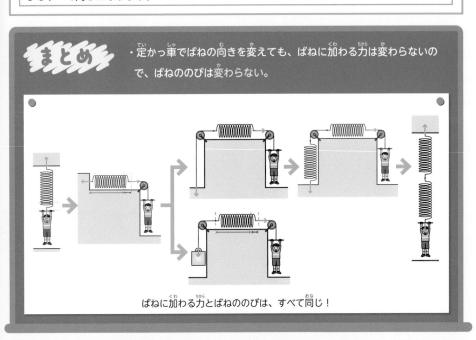

ばねに加わる力とばねののびは、すべて同じ！

物体の体積と浮力

水の中では、ものの重さを軽く感じたり、ものが浮いたりするね。
水がものを持ち上げる力（浮力）がどのようにはたらくかを見てみよう。

浮力

水にものを入れると、ものが水におし上げ
られる。このような力を浮力という。

水の中では、体が
浮く感じがするね！

クイズ62の答え　③竹をピンセットのように折り曲げたものが使われていた。

浮力のはたらき

ばねばかりにおもりをつるして水に入れると、おもりにはたらいた浮力の大きさだけ、ばねばかりにかかる重さが小さくなります。

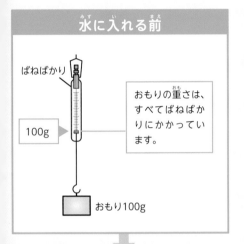

水に入れる前

ばねばかり

100g

おもりの重さは、すべてばねばかりにかかっています。

おもり100g

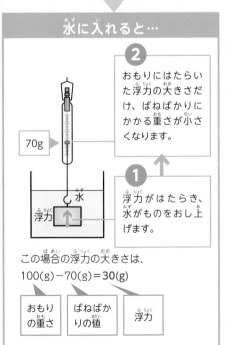

水に入れると…

2 おもりにはたらいた浮力の大きさだけ、ばねばかりにかかる重さが小さくなります。

70g

水
浮力

1 浮力がはたらき、水がものをおし上げます。

この場合の浮力の大きさは、

100(g)－70(g)＝**30**(g)

おもりの重さ	ばねばかりの値	浮力

世紀の発見！

アルキメデスはふろの水があふれるのを見て

浮力の原理を発見

ザパパー

大こうふんし、はだかのまま町に飛び出したという

わかったぞ！

そうか

おふろで大発見だ！

ぼくもアルキメデスにあやかりたい！

どう？何かひらめいた？…ってクサ！！

ぼくのプ力がちょっとね…

浮力と物体の体積

浮力の大きさは、水中にある物体の体積と同じ大きさ(値)になります。

 実験 ばねばかりにつるした重さ100g、体積40cm³のおもりを水にしずめていき、ばねばかりの値と浮力の変化を調べる。※水の重さは1cm³あたり1gとします。

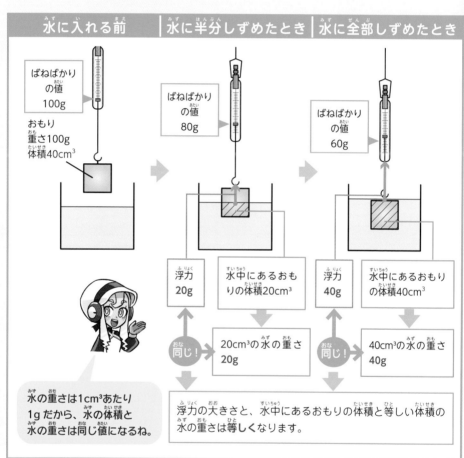

| 水に入れる前 | 水に半分しずめたとき | 水に全部しずめたとき |

ばねばかりの値 100g

おもり 重さ100g 体積40cm³

ばねばかりの値 80g

ばねばかりの値 60g

浮力 20g　水中にあるおもりの体積20cm³

浮力 40g　水中にあるおもりの体積40cm³

同じ！　20cm³の水の重さ 20g

同じ！　40cm³の水の重さ 40g

水の重さは1cm³あたり1gだから、水の体積と水の重さは同じ値になるね。

浮力の大きさと、水中にあるおもりの体積と等しい体積の水の重さは等しくなります。

まめちしき

水位の変化と浮力

おもりを水に入れると水位が上がるよ。浮力は、おもりにおしのけられて上がった水の重さと等しいんだ。

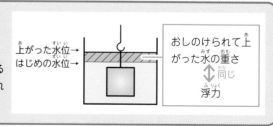

上がった水位→ はじめの水位→

おしのけられて上がった水の重さ 同じ 浮力

クイズ63の答え 多い人。筋肉は重いので、同じ体積で比べると浮きにくい。

浮力とつり合い

おもりの重さは、ばねばかりと水が分け合って支えています。おもりを支えるものを台ばかりや手に置きかえても、つり合いのきまりは変わりません。

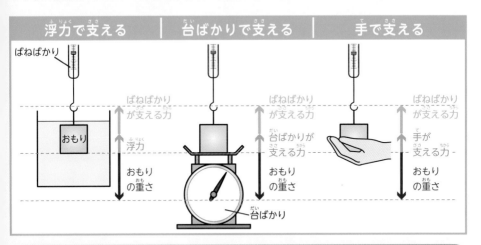

まめちしき

台ばかりにのせた水におもりを入れると…

台ばかりは、水と水が支えているおもりの重さ（浮力）の両方を支えているよ。だから、台ばかりにのせた水におもりを入れると、台ばかりは水の重さと浮力を合わせた重さを示すんだ。

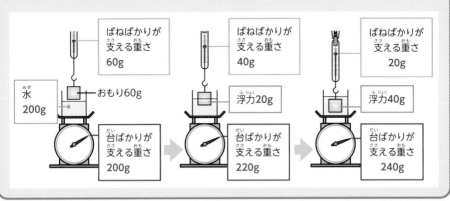

まとめ

・水が水中にある物体をおし上げる力を浮力という。
・浮力の大きさは、水中にある物体の体積と同じ大きさになる。

 **クイズ64** 鉄は重いのに、鉄でできた船が浮くのはなぜ？

液体の重さと浮力

水にものが浮くのは、どんなときかな。また、水のかわりにほかの
液体にものを入れるとどうなるのかな。

水に浮く物体にはたらく浮力

物体にはたらく浮力が物体の重さと等しくなると、
物体は水に浮きます。

浮力

りんごの重さ

実験 ばねばかりにつるした重さ30g、体積40cm³のおもりを水に入れるとどうなるかを
調べる。※水の重さは 1cm³ あたり1gとします。

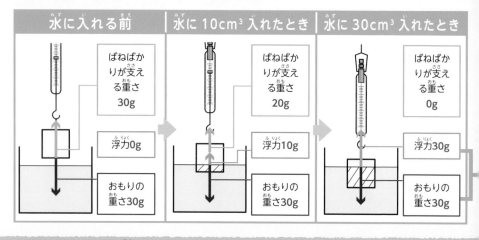

水に入れる前	水に10cm³ 入れたとき	水に30cm³ 入れたとき
ばねばかりが支える重さ 30g	ばねばかりが支える重さ 20g	ばねばかりが支える重さ 0g
浮力0g	浮力10g	浮力30g
おもりの重さ30g	おもりの重さ30g	おもりの重さ30g

クイズ64の答え　船体にはたくさんの部屋があり、空気が入っているから。（おしのけた水の重さより軽くなるから。）

確認しよう

水の重さ、水よう液の重さ

水の重さは、1cm³あたり約1gです。
これに対して、食塩水のような水にものをとかした液（水よう液）の1cm³あたりの重さは、水よりも重くなります。これは、水にものをとかすと、とかしたものの重さだけ水よう液の重さが重くなるのに対して、水よう液の体積はほとんど増えないためです。

100gの水に
30gの食塩をとかすと…

水よう液の体積
ほとんど増えない。

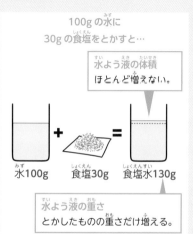

水100g　食塩30g　食塩水130g

水よう液の重さ
とかしたものの重さだけ増える。

浮力の大きさがおもりの重さと等しくなると、おもりはそれ以上しずまず、水に浮きます。

浮く！

水に浮く物体は、
1cm³あたりの重さが
水より軽いんだよ。

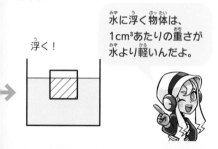

水に浮く野菜

ぷか〜

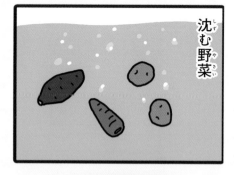

沈む野菜

同じ量を食べて

もぐもぐパリポリ

生まれたものは、はたして浮くのか沈むのか!?

こうごきたい！

お兄ちゃんきたない!!

トイレ

クイズ65　水に浮く野菜はどれ？　①カボチャ　②ダイコン　③ニンジン

水以外の液体の浮力

液体の浮力の大きさは、液体中にある物体の体積と等しい液体の重さと同じになります。
食塩水のような、1cm³あたりの重さが水より重い液体は、水より浮力が大きくなります。

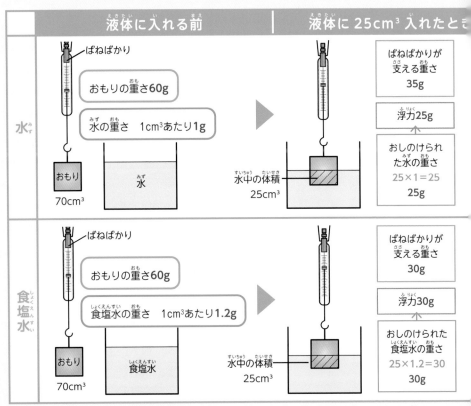

	液体に入れる前	液体に 25cm³ 入れたとき
水	ばねばかり おもりの重さ60g 水の重さ　1cm³あたり1g おもり 70cm³ 水	ばねばかりが支える重さ 35g 浮力25g おしのけられた水の重さ 25×1=25 25g 水中の体積 25cm³
食塩水	ばねばかり おもりの重さ60g 食塩水の重さ　1cm³あたり1.2g おもり 70cm³ 食塩水	ばねばかりが支える重さ 30g 浮力30g おしのけられた食塩水の重さ 25×1.2=30 30g 水中の体積 25cm³

※食塩水の重さは、こさによって変わります。

まめちしき

人の体と浮力

人の体は、同じ体積の水の重さに近いよ。だから、ふつうの水には浮きにくいんだ。でも、イスラエルとヨルダンの国境にある死海というこい塩水でできた湖では、体が浮きやすくなり、右の写真のように本を読むこともできるんだ。

死海で本を読む人

クイズ65の答え　①地上にできる野菜は浮き、地中の野菜はしずむことが多い。

同じ体積で比べると、
1cm³あたりの重さが
重い食塩水のほうが
浮力が大きいのね。

だから、食塩水の
ほうが、先におもりが
浮くんだね！

液体に 50cm³ 入れたとき

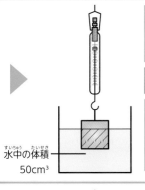

ばねばかりが支える重さ 10g

浮力50g

おしのけられた水の重さ
50×1＝50
50g

水中の体積 50cm³

液体に 60cm³ 入れたとき

ばねばかりが支える重さ 0g

浮力60g

おしのけられた水の重さ
60×1＝60
60g

水中の体積 60cm³

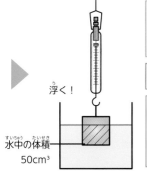

浮く！

ばねばかりが支える重さ 0g

浮力60g

おしのけられた食塩水の重さ
50×1.2＝60
60g

水中の体積 50cm³

▼

液体の種類に関係なく、浮力の大きさは、おしのけられた液体の重さ（液体中にあるおもりの体積と等しい液体の重さ）と等しくなります。

まとめ

・物体が浮いているとき、物体の
重さと浮力はつり合っている。
・浮力の大きさは、液体中にある
物体の体積と等しい液体の重さ
と等しい。

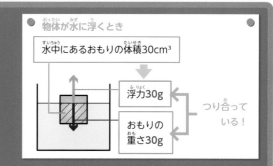

● 物体が水に浮くとき

水中にあるおもりの体積30cm³

浮力30g

おもりの重さ30g

つり合っている！

クイズ66　川の河口付近の水で塩分が多いのは？　①上のほう　②底のほう

1　てこを使って、おもりを持ち上げました。次の問題に答えましょう。

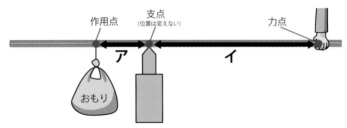

作用点　支点（位置は変えない）　力点

ア　イ

おもり

(1)**ア**（支点と作用点のきょり）を短くすると、手ごたえはどうなるでしょうか。（　）に書きましょう。

（　　　　　　　　　　　）

(2)**イ**（支点と力点のきょり）を短くすると、手ごたえはどうなるでしょうか。（　）に書きましょう。

（　　　　　　　　　　　）

2　下の図のように、実験用のてこにおもりをつるしました。次の問題に答えましょう。

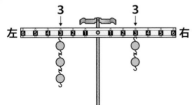

3　　　3

左　6 5 4 3 2 1 0 1 2 3 4 5 6　右

(1)左の図のようにおもりをつるしたとき、てこは左と右のどちらにかたむくでしょうか。（　）に書きましょう。

（　　　　　　　　　　　）

(2)てこを水平につりあわせるためには、左側のおもり3個を、左うでの目もり1〜6のどこにつるせばよいでしょうか。（　）に目もりの数字を書きましょう。

（　　　　　　　　　）

(3)てこのはたらきについて。（　）に合うことばを書きましょう。

・てこを回すはたらきは、【おもりの重さ×（　　　　　　　　　）からのきょり】で表すことができる。

・てこがつり合うとき、左と右のうでの、てこを回すはたらきは（　　　　　　　　）。

3 下のア〜ウは、てこを利用した道具です。次の問題に答えましょう。

ア……くぎぬき　　　**イ**……空き缶つぶし器　　　**ウ**……ピンセット

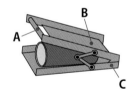

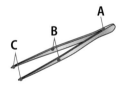

（1）ア、イ、ウの道具の支点はそれぞれA〜Cのどこでしょうか。（　）に書きましょう。

ア（　　　　　）　イ（　　　　　）　ウ（　　　　　）

（2）ア、イ、ウの道具の力点はそれぞれA〜Cのどこでしょうか。（　）に書きましょう。

ア（　　　　　）　イ（　　　　　）　ウ（　　　　　）

4 下の図のようにかっ車や輪じくを使っておもりを持ち上げました。
次の問題に答えましょう。

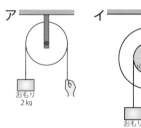

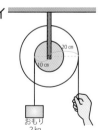

ひもを引く力はそれぞれ何kgでしょうか。

（　）に書きましょう。

ア（　　　　　）kg

イ（　　　　　）kg

5 10gのおもりをつるすと2cmのびるばねがあります。次の問題に答えましょう。

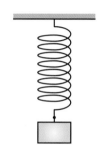

（1）このばねに30gのおもりをつるすと、
ばねは何cmのびるでしょうか。（　）に書きましょう。

（　　　　　）cm

（2）このばねが3cmのびたとき、
おもりの重さは何gでしょうか。（　）に書きましょう。

（　　　　　）g

答えは217ページにのっています。

橋は巨大なてこ!?

橋にはいろいろな形があるけれど、
写真の大きな柱をもった橋は、
てこのように、左右のつり合いを
とって建っているよ。

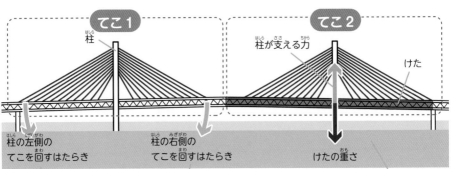

200m

460m

860m

横浜ベイブリッジ

1つの柱で左右の道路の重さを支えている！

この橋は、てこが2つつながったようなつくりになっているよ。

てこ1

柱

柱が支える力

てこ2

けた

柱の左側の
てこを回すはたらき

柱の右側の
てこを回すはたらき

けたの重さ

左右がつり合うように張ったケーブルで、けたの重さを支えているよ。

1つの柱が支えるけたの重さは、約1万5トン

2人で1本の棒をもっているみたいだね！

このような、ななめにケーブルを張った橋を斜張橋というよ。

柱（はしら）
橋の重さを支えている。

ケーブル
柱とけたをつないで、けたを支えている。

けた
道路が通っている部分（ぶぶん）。

172m

200m

海底（かいてい）

似（に）たような橋（はし）につり橋（ばし）があるけど、どうちがうの？

つり橋は、定かっ車に似ている！?

つり橋は、柱（はしら）の上（うえ）にわたしたメインケーブルで橋をつり下（さ）げ、メインケーブルの両（りょう）はしをおもりで引（ひ）っぱることで、橋の重（おも）さを支（ささ）えているよ。

レインボーブリッジ

柱（はしら）

メインケーブル

ケーブル
けたをつるしている。

けた
重（おも）さ：約（やく）2万（まん）3千（ぜん）トン

798m

水

おもり
メインケーブルを引（ひ）っぱり、橋（はし）を支（ささ）えている。
重（おも）さ：1つ約30万（まん）トン

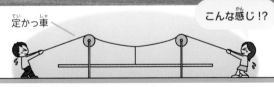

こんな感（かん）じ！?

定（てい）かっ車（しゃ）

※実際（じっさい）の橋（はし）は、かっ車（しゃ）でケーブルを支（ささ）えているわけではありません。

183

楽しかったねー！

ふらふら

は〜〜〜…

ぽん

すごいスピードだった…
エンジンどこについてたんだろ

ジェット
コースターには
ついてないよ

NOエンジン

えっ自動車や
電車とはちがうの？

レールが
あるのに！

チェーンなどで高いところに
車体を引き上げたら

あとは落ちる
いきおいで
走るんだよ

よいしょ

よいしょ

よいしょ

ギーー！！

いきおいだけで！？

そう言えば…

185

下り始めは
ゆっくりだったけど

どんどん速く
なったよね

必死で
おぼえて
ないや

そのとおり！

もしかしてあれも
「見えないパワー」の
おかげ？

ほかにもバイキングや
回転ブランコなど

遊園地には様々な
動きをするものがあるよ！

ふりこの1往復

ゆらゆらと左右にゆれるふりこ。ふりこのつくりと、
ふりこが1往復する時間を調べる方法について見ていこう。

ふりこ

ひもなどにおもりをつるし、ブランコのようにふれるようにしたものを**ふりこ**といいます。

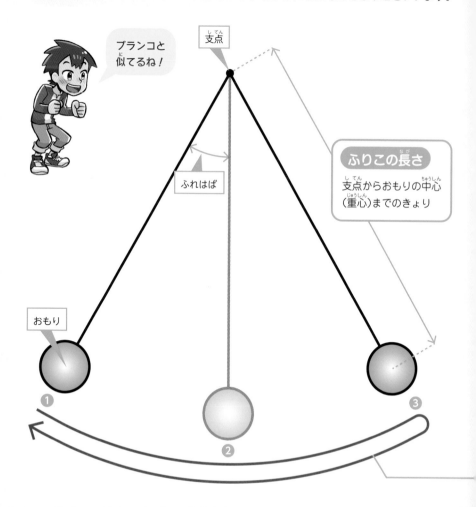

ブランコと
似てるね！

支点

ふれはば

ふりこの長さ
支点からおもりの中心
（重心）までのきょり

おもり

①　②　③

クイズ66の答え　②　塩水のほうが重いので、海水が下にしずみやすい。

さいみんじゅつやるよ

へっ わるいけど そんな子どもだましには引っかからないよ

いったわね！

まめちしき

ふれはばの表し方

ふれはばには、いろいろな表し方があるよ。

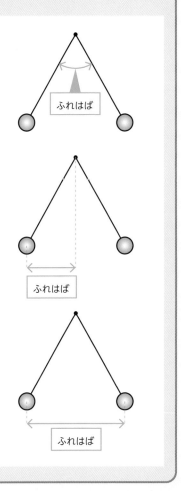

ふれはば

ふれはば

ふれはば

あ、あれ…？ 同じリズム…

私の勝ちね!!

ふりこの1往復

❶→❷→❸→❷→❶のように、ふりこがふれて元の位置にもどるまでをふりこの1往復といいます。

ふりこが1往復する時間の求め方

ふりこが1往復する時間を求めるときは、ふりこが複数回往復する時間を何回もはかって、平均を求めます。

ふりこが1往復する時間のはかり方と、平均の求め方を見ていこう！

確認しよう

平均

いくつかのバラバラの値をならしたものを平均といいます。

① ふりこが10往復する時間をはかる

おもりがいちばんはしで止まったときに、ストップウォッチを動かす。

ピッ

ふりこが1往復する時間は短すぎて正確にはかれないので、10往復する時間をはかります。

② ふりこが10往復する時間を3回はかる

	1回目	2回目	3回目
10往復する時間	14.5秒	13.8秒	14.3秒

測定する値には、どうしてもずれが出てしまうので、何回もはかります。

③ 10往復する時間の平均を求める

1回目から3回目までの結果を合計して、はかった回数（3）で割ると、平均を求めることができます。

14.5(秒) + 13.8 (秒) + 14.3(秒) = 42.6 (秒)

42.6(秒) ÷ 3 = 14.2 (秒) ← 10往復する時間の平均

平均を求めて、結果の値をならします。

④ 1往復する時間を求める

10往復する時間の平均を往復した回数(10)で割ると、1往復する時間を求めることができます。

14.2(秒) ÷ 10 = 1.42 (秒)

小数第2位を四捨五入して 1.4 (秒) ← 1往復する時間

何回もはかって、平均を求めるのがポイントなんだね！

クイズ67の答え ① カーブで車体がふれるようになっている特急電車などがある。

誤差

注意して実験をしていても、実験の結果にずれが生じることがあります。このようなずれを誤差といいます。誤差を小さくするために、**何回も実験を行って、平均を求めます。**

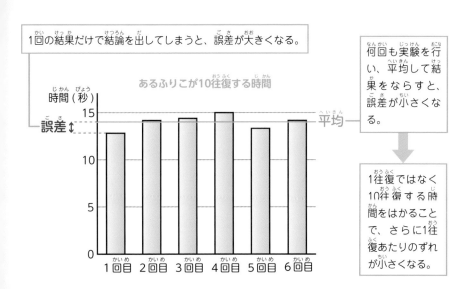

1回の結果だけで結論を出してしまうと、誤差が大きくなる。

何回も実験を行い、平均して結果をならすと、誤差が小さくなる。

1往復ではなく10往復する時間をはかることで、さらに1往復あたりのずれが小さくなる。

あるふりこが10往復する時間

時間（秒）

誤差

平均

1回目　2回目　3回目　4回目　5回目　6回目

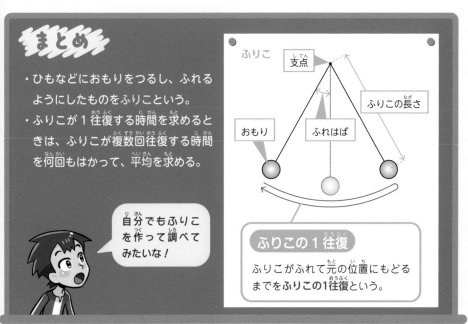

まとめ

・ひもなどにおもりをつるし、ふれるようにしたものをふりこという。
・ふりこが1往復する時間を求めるときは、ふりこが複数回往復する時間を何回もはかって、平均を求める。

自分でもふりこを作って調べてみたいな！

ふりこ

支点

ふりこの長さ

おもり　ふれはば

ふりこの1往復

ふりこがふれて元の位置にもどるまでをふりこの1往復という。

ふりこの性質

ふりこが1往復する時間は、どのような条件で決まるのかな？
比べる実験をして、調べてみよう。

ふりこが1往復する時間と条件

ふりこが1往復する時間は**ふりこの長さ**によって決まり、ふりこの長さが長いほど長くなります。ふれはばや、おもりの重さを変えても、1往復する時間は変わりません。

 ふれはば、おもりの重さ、ふりこの長さの条件を変えて、ふりこが1往復する時間を比べる。

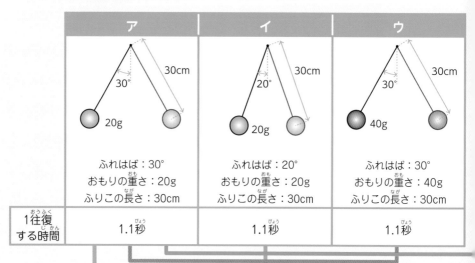

	ア	イ	ウ
	ふれはば：30° おもりの重さ：20g ふりこの長さ：30cm	ふれはば：20° おもりの重さ：20g ふりこの長さ：30cm	ふれはば：30° おもりの重さ：40g ふりこの長さ：30cm
1往復する時間	1.1秒	1.1秒	1.1秒

アとイを比べる
ふれはばとふりこが1往復する時間の関係がわかる。
→ ふれはばを変えても、ふりこが1往復する時間は変わらない。

アとウを比べる
おもりの重さとふりこが1往復する時間の関係がわかる。
→ おもりの重さを変えても、ふりこが1往復する時間は変わらない。

ふりこが1往復する時間は、ふれはばやおもりの重さに関係なく、**ふりこの長さ**で決まります。

 クイズ68の答え　②　地球の自転に合わせて、ふりこのふれる向きが変わっていく。

長さを変えると…

ふりこの長さを長くしたときだけ、1往復する時間が長くなっているね！

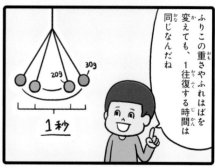

ふりこの重さやふれはばを変えても、1往復する時間は同じなんだね

1秒

じゃあ、ふりこの長さをのばしてもう一回やってみよう

ブンッ

それー!!

ゴッ

やばっ！ひもを長くしすぎてかべをこわしてしまった！

※比べる実験については77ページを見よう！

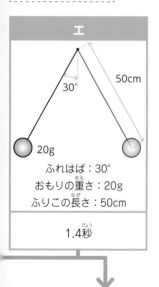

エ

30°

50cm

20g

ふれはば：30°
おもりの重さ：20g
ふりこの長さ：50cm

1.4秒

アとエを比べる
ふりこの長さとふりこが1往復する時間の関係がわかる。

➡ ふりこの長さを長くすると、ふりこが1往復する時間は長くなる。

クイズ69 ブランコに立つのと座るのとで、1往復する時間はどうなる？

ふりこの長さと1往復する時間の変化

ふりこの長さを4倍、9倍にすると、ふりこが1往復する時間は2倍、3倍になります。

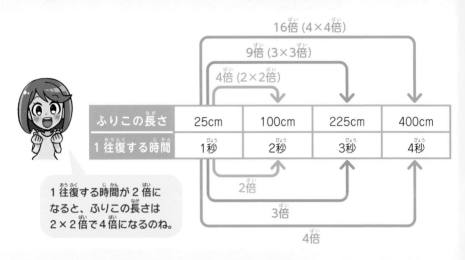

ふりこの長さ	25cm	100cm	225cm	400cm
1往復する時間	1秒	2秒	3秒	4秒

16倍(4×4倍)
9倍(3×3倍)
4倍(2×2倍)
2倍
3倍
4倍

1往復する時間が2倍に
なると、ふりこの長さは
2×2倍で4倍になるのね。

支点の左右で長さを変えたふりこ

支点の左右で長さのちがうふり
こは、支点の左右に分けて
$\frac{1}{2}$往復する時間を考えます。

ふりこの長さ	25cm	50cm
1往復する時間	1秒	1.4秒

支点

50cm

くぎ

25cm

ひもがくぎに当
たり、ふりこの
長さが変わる。

おもりは、左右
同じ高さまで上
がる。

やってみよう!

右の図のように、支点の真下
にくぎを打ち、左右で長さが
変わるふりこを作りました。
このふりこが1往復する時間
を考えよう。

長さ50cmのふりこが$\frac{1}{2}$往復する時間は
1.4(秒)×$\frac{1}{2}$=0.7(秒)

長さ25cmのふりこが$\frac{1}{2}$往復する時間は
1(秒)×$\frac{1}{2}$=0.5(秒)

このふりこが1往復する時間は　0.7(秒)+0.5(秒)=1.2(秒)

クイズ69の答え　立って乗るほうが、体の重心が支点に近づき短くなる。

身のまわりのふりこ

ふりこ時計やメトロノームは、ふりこが規則正しく往復する性質を利用しています。

ふりこ時計

おもりを上下に動かしてふりこの長さを変え、針が進む速さを調節します。

おもり

メトロノーム

おもりを上下に動かしてふりこの長さを変え、棒がふれる速さを変えます。

おもり

まめちしき

ひもの長さは同じだけど…

ふりこの実験でおもりを2つ以上つるすときは、つるし方に注意しよう。縦につなげてつるすと、支点からおもりの中心（重心）までのきょりが変わり、ふりこの長さが変わってしまうよ！

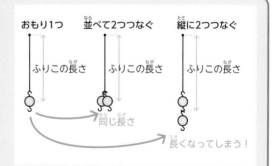

おもり1つ　並べて2つつなぐ　縦に2つつなぐ

ふりこの長さ　ふりこの長さ　ふりこの長さ

同じ長さ

長くなってしまう！

まとめ

・ふりこが1往復する時間はふりこの長さによって決まり、ふりこの長さが長いほど長くなる。

・ふれはばやおもりの重さを変えても、ふりこが1往復する時間は変わらない。

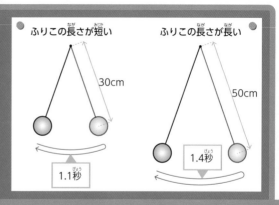

ふりこの長さが短い　　ふりこの長さが長い

30cm

50cm

1.1秒

1.4秒

クイズ70　ふりこ時計のおもりの位置は季節によって調節が必要だよ。なぜ？

物体の運動

ふりこや乗り物など、身のまわりには動くものがたくさんあるね。
物体の動き方や、動きの変化について見ていこう。

運動の向きと速さ

物体の動きを運動といいます。運動には向きと速さがあり、向きや速さは変化することがあります。

ジェットコースターは向きや速さが次々と変わるから、おもしろいんだね！

ジェットコースター

運動の向きや速さが次々と変化します。

クイズ70の答え　気温によって、ふりこの金属がのびたり縮んだりするから。

あの車は？

向きも速さも一定だね

あの観覧車は？

向きは変わるけど速さは一定だね

では問題です

ぼくの運動の向きと速さを答えよ！

めちゃくちゃ不規則…

新幹線

線路が直線になっている部分では、向きや速さがほぼ一定の運動です。

惑星

太陽のまわりを回る運動です。向きは変わりますが速さは変わりません。

ふりこのおもりの速さの変化

ふりこのおもりの動く速さは、つねに変化しています。

決まった時間ごとのおもりの動き

一定時間ごとのおもりの動きを調べると、支点の真下が最も速くなっています。

おもりの速さが速いところは、一定時間に進むきょりが長いから間かくが広いんだね。

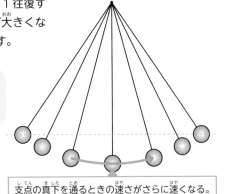

支点

左右同じ高さまで上がる。

両はしで一瞬止まる。

支点の真下が最も速い。

ふれはばを大きくすると…

ふりこの長さが同じならふりこが1往復する時間は一定なので、ふれはばが大きくなるほどおもりの速さは速くなります。

おもりの間かくが広くなったことから、速くなったとわかるね！

支点の真下を通るときの速さがさらに速くなる。

まめちしき

遊園地でふりこの運動を体感！
遊園地のアトラクションも、ふりこの運動を利用しているよ。

ふれはば小

こわくない♪

低い

ゆっくり

ふれはば大

こわい～!!

高い！

速い！

クイズ71の答え　①　つねに一定の速さで同じ向きに動いているね。

ふりこのおもりの向きの変化

ふりこのおもりの動く向きは、つねに変化します。

 おもりが左から右に動くとき

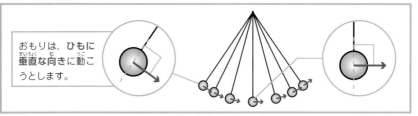

おもりは、ひもに垂直な向きに動こうとします。

ふりこのおもりにはたらく力

ふりこのおもりには、おもりの動く向き（ひもに垂直な向き）の力と重力の2つの力がはたらいています。

実験 ふれているふりこの糸を切り、おもりがどのように動くかを調べる。

確認しよう

重力
地球がものを引きつける力を重力といいます。

支点の真下で糸を切る

支点の真下のおもりは真横に動いているのでおもりは水平に飛びだした後、重力に引かれて下に落ちます。

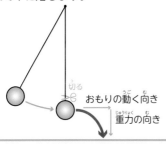

おもりの動く向き
重力の向き

最も高い位置で糸を切る

おもりは止まっているので、重力だけがはたらいて真下に落ちます。

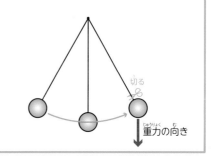

切る
重力の向き

 **まとめ**

・物体の運動には向きと速さがある。
・ふりこのおもりの速さは、支点の真下を通るときに最も速くなる。
・ふれはばを大きくすると、ふりこのおもりの速さが速くなる。

斜面の運動

坂道でボールを転がすと、どんどん速さが速くなり、追いかけるのが
大変になるね。転がる球の速さには、何かきまりがあるのかな？

斜面を転がる球の速さ

斜面を転がる球は、時間がたつにつれて速くなっていきます。

実験 スタート位置で球を放し、1秒ごとに球が進んだきょりと球の速さを調べる。

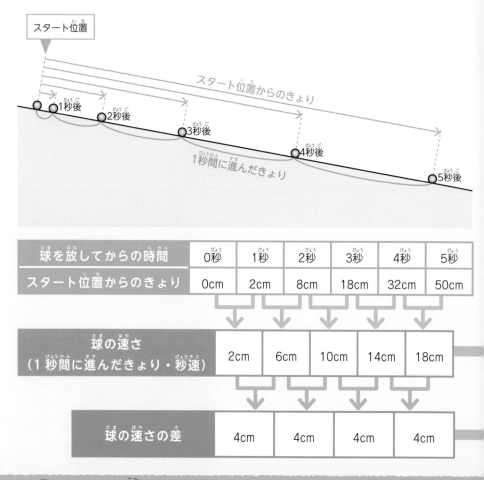

球を放してからの時間	0秒	1秒	2秒	3秒	4秒	5秒
スタート位置からのきょり	0cm	2cm	8cm	18cm	32cm	50cm

球の速さ （1秒間に進んだきょり・秒速）	2cm	6cm	10cm	14cm	18cm

球の速さの差	4cm	4cm	4cm	4cm

クイズ72の答え ① 運動の向きと重力の向きが同じになり、無重力に近くなる。

坂道を下ると

スー

だんだんスピードが

スー

速く…なるよ

シャー

すべり台も、だんだん速さが速くなっていくよね！

まめちしき

秒速と加速度

物体が1秒間に動くきょりによって表す速さを秒速というよ。また、速さの変化の割合を加速度というんだ。

➡ 球の速さは、**だんだん速く**なっています。

➡ 球の速さが速くなる割合（加速度）は、**一定**です。

やべっ!! これどうやったらとまるんだっけ!?

クイズ73 高いところから真下にものを落としたときの加速度は秒速何 m?

201

球を放す高さと球の飛ぶきょり

斜面を転がる球は、球を放す高さが高いほど速さが速くなり、飛ぶきょりが長くなります。

実験 斜面を転がして球を飛ばし、球が飛ぶきょりを調べる。球を放す高さを変えて、球を放す高さと球の速さ、球が飛ぶきょりの関係を調べる。

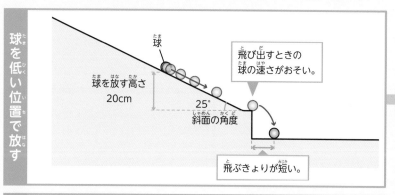

球を低い位置で放す

球

球を放す高さ
20cm

25°
斜面の角度

飛び出すときの球の速さがおそい。

飛ぶきょりが短い。

球を放す高さを高くすると、球の速さが速くなり、飛ぶきょりが長くなります。

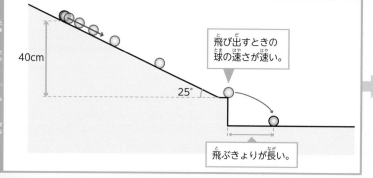

球を高い位置で放す

40cm

25°

飛び出すときの球の速さが速い。

飛ぶきょりが長い。

高い位置から球を転がすと200ページの実験のように転がるきょりが長くなって速さが速くなるんだね。

まめちしき

高いほど速い!
ジェットコースターは、高いところから落ちる勢いで走っているよ。だから、高さが高いものほど、速さが速くなるんだ。

クイズ73の答え 9.8m。1秒あたり秒速9.8mずつ速くなるということだよ。

球の重さと球が飛ぶきょり

斜面を転がす球の重さを重くしても、球が飛ぶきょりは変わりません。

実験 斜面を転がして球を飛ばし、球が飛ぶきょりを調べる。球の重さを変えて、球の重さと球が飛ぶきょりの関係を調べる。

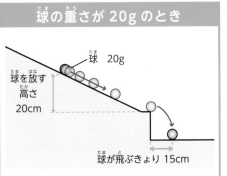

球の重さが 20g のとき

球 20g
球を放す高さ 20cm
球が飛ぶきょり 15cm

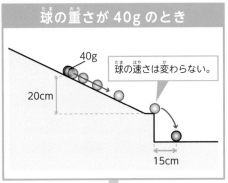

球の重さが 40g のとき

40g
球の速さは変わらない。
20cm
15cm

球の重さを重くしても、球の速さは変わらず、飛ぶきょりも変わりません。

重くても軽くても転がる速さは同じなんておもしろいね！

まとめ

- 斜面を転がる球は、時間がたつにつれて速くなっていく。
- 球を放す高さを高くすると、球の速さが速くなり、球の飛ぶきょりが長くなる。
- 放す高さが同じなら球の重さを変えても、球の飛ぶきょりは変わらない。

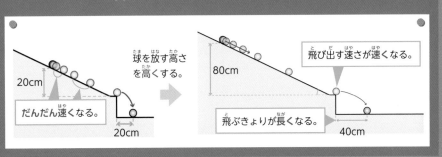

球を放す高さを高くする。
20cm
だんだん速くなる。
20cm

80cm
飛び出す速さが速くなる。
飛ぶきょりが長くなる。
40cm

おもりのしょう突・風とゴム

ボウリングの球がピンに当たると、ピンがたおれたり、勢いよく飛んでいったりするよ。動いている物体がものを動かすはたらきについて調べよう。

ふりこのおもりのしょう突

物体におもりをしょう突させると、物体が動きます。おもりの速さを速くしたり、重さを重くすると、物体が動くきょりは長くなります。

実験1 ふりこのおもりを積み木にしょう突させて動くきょりを調べる。おもりを放す高さを変えて、おもりの速さと積み木が動くきょりの関係を調べる。

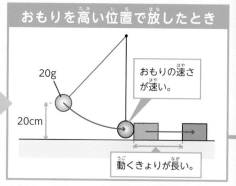

おもりを低い位置で放したとき

20g

10cm

おもりの速さがおそい。

積み木

動くきょりが短い。

おもりを高い位置で放したとき

20g

20cm

おもりの速さが速い。

動くきょりが長い。

実験2 ふりこのおもりを積み木にしょう突させて動くきょりを調べる。おもりの重さを変えて、おもりの重さと積み木が動くきょりの関係を調べる。

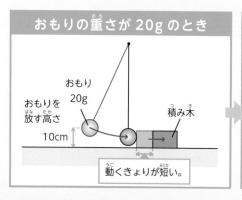

おもりの重さが20gのとき

おもり
20g

おもりを放す高さ

10cm

積み木

動くきょりが短い。

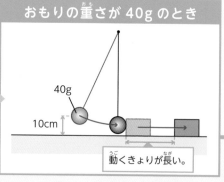

おもりの重さが40gのとき

40g

10cm

動くきょりが長い。

クイズ74の答え 秒速11.2km以上。それよりおそいと重力に引きもどされてしまう。

しょう突の実験

体重30kgの人がぼくにぶつかってくると…

このくらい移動します

ドムッ

ブッ

じゃあもう少し体重がある人でためそう

いいね！

ムリムリぜったいにムリー!!

さあやるわよ

ドーン!!

バットをふってボールに当てると、ボールが飛んでいくのに似ているね！

おもりを放す高さを高くすると、おもりの速さが**速く**なり、積み木が動くきょりが**長く**なります。

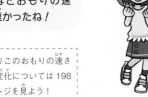

ふりこの長さが同じなら、ふれはばが大きいほどおもりの速さが速かったね！

※ふりこのおもりの速さの変化については198ページを見よう！

おもりの重さを**重く**すると、積み木が動くきょりが**長く**なります。

斜面を転がる球のしょう突

斜面を転がした球を物体にしょう突させると、物体が動きます。おもりの速さを速くしたり、重さを重くすると、物体が動くきょりは長くなります。

実験1 斜面を転がした球を積み木にしょう突させて、積み木が動くきょりを調べる。球を放す高さを変えて、球を放す高さと積み木が動くきょりの関係を調べる。

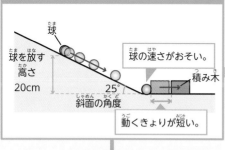

球を低い位置で放したとき

球を放す高さ 20cm
斜面の角度 25°
球の速さがおそい。
積み木
動くきょりが短い。

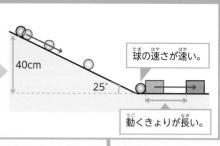

球を高い位置で放したとき

40cm
25°
球の速さが速い。
動くきょりが長い。

球を放す高さを高くすると、球の速さが速くなり、積み木が動くきょりが長くなります。

高いところにあるものは大きなエネルギーを持っているよ。だから、ものを動かすはたらきが大きいんだ。

実験2 斜面を転がした球を積み木にしょう突させて、積み木が動くきょりを調べる。球の重さを変えて、球の重さと積み木が動くきょりの関係を調べる。

球の重さが 20g のとき

球
球を放す高さ 20cm
斜面の角度 25°
積み木
動くきょりが短い。

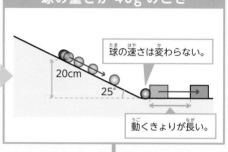

球の重さが 40g のとき

球
球の速さは変わらない。
20cm
25°
動くきょりが長い。

球の重さを重くしても、球の速さは変わりませんが、積み木が動くきょりが長くなります。

クイズ75の答え 2倍。だから、おすもうさんは、重いほうが有利なんだね。

風のはたらき

風には、ものを動かすはたらきがあります。風を強くすると、ものを動かすはたらきは大きくなります。

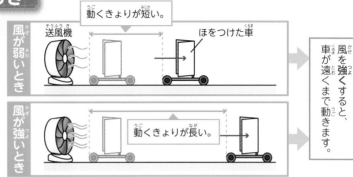

動くきょりが短い。

送風機　　ほをつけた車

風が弱いとき

風が強いとき

動くきょりが長い。

風を強くすると、車が遠くまで動きます。

ゴムのはたらき

ゴムには、ものを動かすはたらきがあります。ゴムで車を動かすとき、ゴムの数を増やしたり、ゴムを長くのばすと、ものを動かすはたらきは大きくなります。

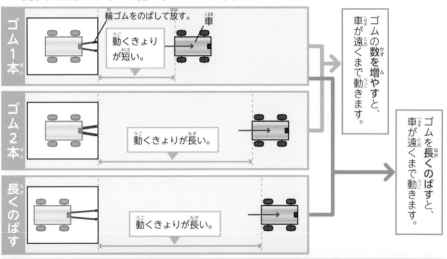

ゴム1本

輪ゴムをのばして放す。　車

動くきょりが短い。

ゴム2本

動くきょりが長い。

長くのばす

動くきょりが長い。

ゴムの数を増やすと、車が遠くまで動きます。

ゴムを長くのばすと、車が遠くまで動きます。

・おもりを物体にしょう突させると、物体が動く。また、おもりを放す高さを高くしたり、おもりの重さを重くすると、物体を動かすはたらきが大きくなる。
・風やゴムにはものを動かすはたらきがある。また、風を強くしたり、ゴムの数を増やしたり、ゴムを長くのばすと、ものを動かすはたらきが大きくなる。

クイズはこれで終わりだよ！　がんばったね★

1 ふりこが1往復する時間をはかりました。次の問題に答えましょう。

(1)ふりこが1往復する時間の求め方で、正しいのは**ア・イ**のどちらですか。正しいほうに
（　）をつけましょう。

ア 1往復する時間を1回だけはかる。（　　　　）

イ 10往復する時間を何回かはかり、その平均から1往復する時間を求める。（　　　　）

(2)ふりこが10往復する時間を3回はかると、下のような結果になりました。この結果から、
1往復にかかる時間を求めて（　）に書きましょう。

回　数	1回目	2回目	3回目
10往復する時間	7.2秒	7.0秒	6.8秒

（　　　　）秒

2 下のように4つのふりこを用意しました。次の問題に答えましょう。

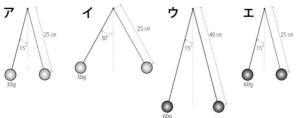

ア 25cm 15° 30g
イ 30° 25cm 30g
ウ 15° 40cm 60g
エ 15° 25cm 60g

(1)おもりの重さとふりこが1往復する時間に関係があるかを調べるためには、**ア～エ**のど
れとどれを比べればよいでしょうか。（　）に書きましょう。

（　　　　　　）と（　　　　　　）

(2)**ア**と**エ**を比べる実験をしました。**エ**が1往復する時間は、**ア**が1往復する時間と比べて、
どうなるでしょうか。（　）に書きましょう。

（　　　　　　　　　　　　　　）

(3)**ウ**と**エ**を比べると、何を調べることができるでしょうか。（　）に書きましょう。

（　　　　　　　　　　　　　　）とふりこが1往復する時間の関係

(4)(3)の結果から、ふりこが1往復する時間に関係する条件について、どのようなことが
わかるでしょうか。（　）に書きましょう。

（　　　　　　　　　　　　　　　　　　　）

3 風をあてて、車が走るようすを調べました。次の問題に答えましょう。

(1) 車が遠くまで走るのは、強い風をあて
たときと、弱い風をあてたときのどち
らでしょうか。( )に書きましょう。

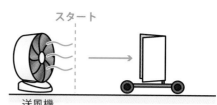

スタート

送風機

( )

(2) 車がはやく走るのは、強い風をあてた
ときと、弱い風をあてたときのどちらでしょうか。( )に書きましょう。

( )

(3) 風のはたらきについて説明しています。( )に合うことばを書きましょう。
・ものにあてる風の強さが強いほど、風がものを動かすはたらきは

( )なる。

4 ゴムで動く車を使って、実験をしました。下の図のようにゴムをイまでのばし、
手を放すと、車は3mのところまで動きました。次の問題に答えましょう。

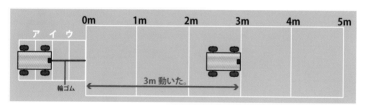

(1) ゴムをアの位置までのばすと、車が動くきょりはどうなるでしょうか。
( )に書きましょう。

3mより ( )

(2) (1)の結果から，ゴムの長さとゴムがものを動かす力について、
どのようなことがわかるでしょうか。( )に書きましょう。

( )

(3) 右の図のようにゴムを2本に増やし、イの位置までの
ばして手を放すと、車が動くきょりはどうなるでしょ
うか。( )に書きましょう。

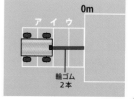

3mより ( )

答えは217ページにのっています。

回る速さは半径で変わる!?

ふりこの長さを長くすると、ふりこが1往復する時間は長くなったね。同じように、ものが回る運動でも、半径が大きくなると1回転する時間が長くなるんだ。フィギュアスケートを例に、見てみよう！

フィギュアスケートのスピンの動き

うずを巻くように円の半径を小さくしながらすべり、すべる速さを速くしていく。

1か所を支点にして、回り始める。

支点 半径

体を大きく広げた姿勢は、半径が大きいので、1回転にかかる時間が長いよ。

片足で回っていて、たおれないの？

地面に片足で立っていると、ふらふらするよね。それなのに、スケート選手はどうして片足で回り続けられるのかな？実は、速く回っているものは、たおれにくい性質があるんだ。こまがたおれずに回り続けるのも、同じしくみだよ。

こまは、回る速さがおそくなるとたおれてしまうね。

ふりこの運動と回る運動

ふりこ

長さが長い

ふりこの長さ

ゆらゆら

1往復する時間が長い。

長さが短い

ふりこの長さ

ブンブン

1往復する時間が短い。

回るもの

半径が大きい

くる…くる…

半径

1回転する時間が長い。

半径が小さい

ぐるぐる

半径

1回転する時間が短い。

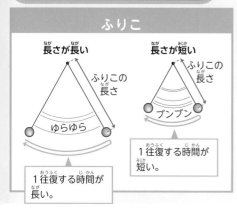

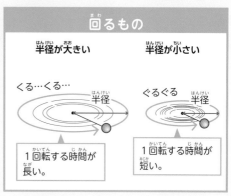

姿勢を変えると、回る速さが変わる。

半径

手足を体によせると、半径が小さくなるので、1回転にかかる時間が短くなるよ。

手足を広げて、回転を止める。

半径

半径を大きくして、ブレーキをかけるよ。

写真提供「福生映像」

スケートでは、ジャンプをとぶときも、棒のように体を細くしているわね！

体を細くすることで、回転を速くしているんだよ！

211

はあ〜〜…

理科って
にがて…

おすすめの本、
教えてあげるっ!!

おさらい問題の答え

第1章 （56〜57ページ）

1 (1) ア…直列、イ…並列

(2) ＋、－

(3) ア

2 (1) 反対になる。

(2) 速くなる。

3 (1) ためる

(2) イ

(3) 長くなる。

4 (1) 発熱

(2) 長くなる。

5 (1) 熱

(2) 音

(3) 運動

(4) 光

第2章 （92〜93ページ）

1 (2)

2 イ

3 (1) ア…北、イ…東

(2) 引き合う。

4 (1) ア…N、イ…S

(2) 北を向く。

(3) S

5 (1) アとイ…電流の大きさ

アとウ…コイルの巻き数

(2) 大きくする。

多くする。

第3章 （124〜125ページ）

1 (1) イ

(2) イ

2 (1) ア

(2) ウ

(3) ア

3

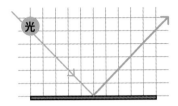

4
(1) とまる。

(2) ふるえ方…大きくなる。
音…大きくなる。

(3) もののふるえ方が大きく
なると音も大きくなる。

5 式…340(m)×7(秒)
=2380(m)
答え…2380m

第4章 （180〜181ページ）

1
(1) 小さくなる。

(2) 大きくなる。

2
(1) 左

(2) 2

(3) 支点、等しい

3
(1)ア…B、イ…C、ウ…A

(2)ア…C、イ…A、ウ…B

4 ア…2、イ…1

5
(1) 6

(2) 15

第5章 （208〜209ページ）

1
(1) イ

(2) 0.7

2
(1) アとエ

(2) 変わらない。

(3) ふりこの長さ

(4) ふりこの長さを長くす
ると1往復する時間が
長くなる。

3
(1) 強い風を当てたとき。

(2) 強い風を当てたとき。

(3) 大きく

4
(1) 長くなる。

(2) ゴムをのばす長さを長く
すると、ゴムがものを動
かす力は大きくなる。

(3) 長くなる。

知りたい内容から 逆引きさくいん

知りたい内容の
ページを開いて
みよう！

実験にチャレンジしてみよう！

さくいん

な行

は行

監修

小川眞士（おがわまさし）

理科の教室小川理科研究所主宰。森上教育研究所客員研究員。東京練馬区立の中学校で理科の教鞭を執ったあと、四谷大塚進学教室理科講師。開成特別コース・桜蔭特別コースを担当し、28人全員が開成中学に合格した伝説のクラスの理科とクラス主任を担当。四谷大塚進学教室副室長、理科教務主任をつとめた。『カンペキ小学理科』(技術評論社)、『これだけ！理科』(森上教育研究所スキル研究会)、『中学受験 理科のグラフ完全制覇』(ダイヤモンド社)他著書多数。

文・構成・本文イラスト

水上郁子

マンガ・キャラクター

森永ピザ

4コママンガ

オゼキイサム／マリマリマーチ／タカハラユウスケ／鳥居志帆／オオノマサフミ

スタッフ

本文デザイン／株式会社クラップス（神田真里菜・大澤洋二・伊藤創）
校正／株式会社文字工房燦光
編集協力／みっとめるへん社
編集担当／遠藤やよい（ナツメ出版企画株式会社）

本書に関するお問い合わせは、書名・発行日・該当ページを明記の上、下記のいずれかの方法にてお送りください。電話でのお問い合わせはお受けしておりません。
・ナツメ社 web サイトの問い合わせフォーム
　https://www.natsume.co.jp/contact
・FAX(03-3291-1305)
・郵送（下記、ナツメ出版企画株式会社宛て）
なお、回答までに日にちをいただく場合があります。正誤のお問い合わせ以外の書籍内容に関する解説・個別の相談は行っておりません。あらかじめご了承ください。

ナツメ社Webサイト
https://www.natsume.co.jp
書籍の最新情報（正誤情報を含む）は
ナツメ社Webサイトをご覧ください。

オールカラー 楽しくわかる！ 電気とエネルギー

2020年3月6日　初版発行
2023年8月10日　第3刷発行

監修者　小川眞士　　　　　　　　　　　　　　　　　　Ogawa Masashi,2020

発行者　田村正隆

発行所　株式会社ナツメ社
　　　　東京都千代田区神田神保町1-52　ナツメ社ビル1F（〒101-0051）
　　　　電話 03(3291)1257（代表）FAX 03(3291)5761
　　　　振替 00130-1-58661

制　作　ナツメ出版企画株式会社
　　　　東京都千代田区神田神保町1-52　ナツメ社ビル3F（〒101-0051）
　　　　電話 03(3295)3921（代表）

印刷所　広研印刷株式会社

ISBN978-4-8163-6786-1　　　　　　　　　　　　　　　　　　Printed in Japan